Building
Construction
HandBook

건축기술핸드북시리즈

안전관리

손기상 역

기문당

이 책을 발간하면서

건설업은 다른 산업에 비해 노동 재해 발생률이 높은 업종이다. 건설업에서의 재해 발생 종류를 빈도별로 보면, 건설물 · 비계 등에서의 추락 재해가 가장 많고 그 다음으로 자재의 낙하 등에 의한 재해, 건설기기로 인한 재해(접촉이나) 등의 순이다.

그러나 안전관리에 대한 대책을 보면, 풍부한 경험을 지닌 현장관리자의 인재 부족으로 인해 안전에 관한 지식 및 노하우가 전문 공사업자를 포함한 현장 기술자에게 계승되지 못하는 실태이어서, 안전관리에 대한 체제를 만드는 것이 여의치 못한 상황이다.

따라서 개인적인 능력에 좌우되지 않는 안전관리 수법을 하루빨리 확립하는 것이야말로 건설업에 종사하는 사람에게 있어서 무엇보다 우선되어야 할 것이다.

신규채용 직원, 신임 현장대리인, 전문 공사업자 등의 안전관리 능력 향상과 안전 의식 고양을 꾀하고, 노동재해 방지를 위한 적극적인 구조를 만드는데 이 책이 유용하게 활용되기를 바라는 바이다.

저 자

역자서문

건설안전이 체계적이고 제도적으로 시작된 지도 20년이 되면서 일부 문제는 있지만 선진국형 환경이 되고 있다.

그간 국내의 많은 관련문헌들이 실무적으로 기여를 해왔으나 현장에서 계층간 장벽없이 누구나 포켓용으로 쉽고 편리하게 접할 수 있는 건설현장에의 잠재위험이 높은 핵심작업별로 제시된 책자가 제공되지 않은 아쉬움이 있었으나 바로 이번에 세상에 나오는 이 책자가 많은 실무자들에게 순간적으로 간과되어 중대형 사고로 이어질 수 있는 포인트를 레슨해주는 길잡이가 될 수 있음을 확인하는 바이다.

건설현장에서의 사고는 이제 산업안전보건법 규정 예시로 예방될 수 있는 단계는 지났고 비용은 적게 지불하면서 예방효과는 큰, 저비용고효율 아이디어의 장비나 시설들이 적재적소에 제공되지 않으면 안 되며 심층적 사고발생 메커니즘이 사전 예측되지 않고는 불가능한 실정이다.

사고는 언제나 현장실무자들이 경험하고 있듯이 전혀 예측하지 못한 상황을 연출한다. 전혀 예상치 못하고 간과되었던 때와 장소에서 발생하고 있음이 통계적으로도 증명되고 있다.

바로 이러한 연결고리 차단 능력을 이 책자가 제공하고 있으며 실무자들의 효과적인 현장안전 성취를 기대하는 바이다. 그리고 일본에는 규정되어 있으나 국내 법규에는 없는 내용들을 원문대로 제시하여 참고역할을 하도록 제시하였다.

역 자

Contents

1장 이 책을 보는 법·사용법

1 구 성

- '노동총람' (2002년도판)
  노동법령협회(후생노동성 감수)
- '건설공사 안전점검 및 포인트 개정판'
  주식회사 그린기획(건설업노무안전관리연구회편)

2 안전관리 포인트

각 항목은 이해하기 쉽도록 그림을 넣어 해당 법령을 기술했다.
또한 하단에는 해당 항목에 대한 안전관리 포인트와 부연 설명을 기재했다. 각 항목의 모든 조문이 중요하며, 현장에서 반드시 지켜야 할 사항이다. 내용을 잘 이해하여 계획 및 현장에서 이를 반영하여 안전 확보에 노력하도록 한다.

❖ 안전관리 포인트

☞ ○○○○○○○○○○○○○○○○○○○○○○○○
☞ ○○○○○○○○○○○○○○○○○○○○○○
○○○○○○
○○○○○○○○○○○○○

역시, 이곳을 주의해야 되는군!

3 권말 부록

이 책의 12장 부록에는 '표시, 출입금지 조치 등' '작업규칙 관계' '자격, 면허 등'에 대한 사항을 표로 정리하여 현장에서 손쉽게 찾아볼 수 있도록 했다.
또한 '사고 · 재해 사례'는 실제 일어난 3건의 예를 소개하고 현장에서 생기기 쉬운 실수와 그에 대한 방지대책을 실어, 자신이 일하는 현장에서는 이 같은 경우가 없는지 확인하면서 사고 · 재해를 미연에 방지할 수 있는 도구를 제시했다.

4 보는 법 · 사용법

■ 건축현장에서의 안전에 관한 지식 · 관리기술 향상!

노동재해가 일어나는 발생 요인은 불안전한 설비나 불안전한 행동에 의한 경우가 대부분이며, 이 같은 간접 요인이 관리상의 결함으로 이어져 사고 · 재해를 일으키고 있다. 현장에서 위험을 느끼거나 의문사항이 생기면 바로 그 자리에서 이 책을 펼쳐 대조해 보는 것이 중요하다. 이 같은 행동을 반복함으로써 올바른 안전지식을 익히도록 한다.

■ 자신만의 전용 안전관리 핸드북으로 활용!

이 책의 각 항목은 건축공사에 관한 대표적인 산업안전보건법을 추출하여 기재하였다. 현재 시공되어 있는 물건(物件)에 대해 시공 전 계획시 또는 시공중에도 설비관계에 이상은 없는지, 안전하지 못한 행동은 없는지 등 조기에 발견하기 위해 이 책과 철저히 대조하여 점검하며, 더불어 필요에 따라 사내 규준이나 각종 계획서, 카탈로그 등을 통해 조사한 것을 권말에 메모하거나 붙여두어 작업상 재해를 미연에 방지할 수 있도록 늘 대비해야 한다.

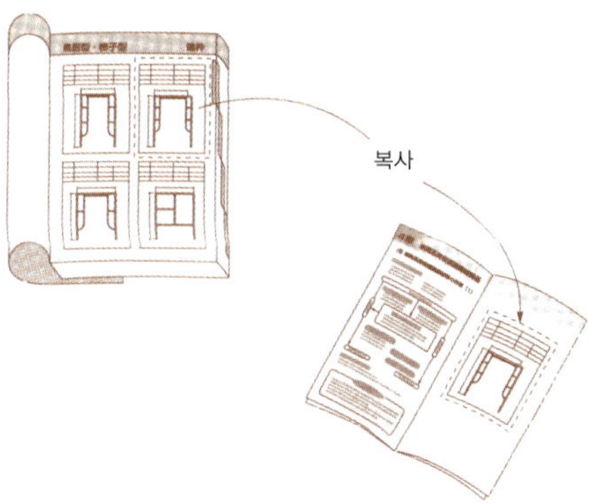

주) 이 책은 산업안전보건법을 기초로 하여 작성되어 있다. 각 현장에서는 자사의 사내규준, 현장에서의 규칙 등이 있으므로 그 내용을 포함하여 관리하도록 한다.

작업복 윗주머니에는 항상 '건축기술핸드북'을 지참한다.
이것이 안전 향상을 위한 첫걸음이다.

2장 공종별 안전관리 항목 일람

1 건축공사에 관한 안전관리의 중요 항목

공종	안전관리 항목
가설공사	비계관계(46~55) 자재의 양중(32~36) 엘리베이터(38, 39) 건설용 리프트(40)
말뚝공사	차량계 건설기계 작업(24~29) 이동식 크레인 작업(34, 35) 후크걸이 용구(41)
토공사	굴삭 작업 전의 조사 · 계획(56, 57) 법면 구배(58) 차량계 하역운반기계 작업(22, 23) 차량계 건설기계 작업(24~29)
흙막이널공사	흙막이널 지보공의 조립 · 해체 점검(59) 차량계 건설기계 작업(24~29) 이동식 크레인 작업(34, 35) 가스용접 작업(68) 아크용접 작업(69)
철근공사	자재의 양중(32~36, 41) 고소작업시의 추락방지(44) 접사다리 작업(47) 달비계 작업(53)
거푸집공사	거푸집 지보공(62~66) 자재의 양중(32, 33, 36, 42) 고소작업시의 추락방지(44) 접사다리 작업(47)
콘크리트공사	콘크리트 펌프차 작업(37) 고소작업시의 추락방지(44)
철골공사	철골세우기 작업(60) 크레인 작업(32~35) 후크걸이 용구(41) 고소작업시의 추락방지(44) 달비계 작업(53)
조적공사	크레인 작업(32~35) 후크걸이 용구(41) 고소작업시의 추락방지(44)

방수 공사	고소작업시의 추락방지(44) 유기용제의 사용(72)
지붕 공사	슬레이트 등 지붕 위의 작업(44)
도장 공사	유기용제의 사용(72) 고소작업시의 추락방지(44)
내장 공사	고소작업시의 추락방지(44) 접사다리 작업(47) 아크용접 작업(69)
외구 공사	굴삭 작업 전의 조사 · 계획(56, 57) 법면 구배(58) 차량계 하역운반기계 작업(22, 23) 차량계 건설기계 작업(24~29)

( ) 안의 숫자는 이 책의 참조 페이지를 나타낸 것이다.

이 책에서 사용하는 법령의 간략 표기 (일본 기준임)

노동기준법 → 노기법
고기압작업안전위생규칙 → 고압칙
노동안전위생법 → 안위법
전리방사선장해방지규칙 → 전리칙
노동안전위생법시행령 → 안위령
산소결핍증 등 방지규칙 → 산결칙
노동안전위생규칙 → 안위칙
사무소위생기준규칙 → 사무소칙
보일러 및 압력용기안전규칙 → 보일러칙
분진장해방지규칙 → 분진칙
크레인 등 안전규칙 → 크레인칙
제조시 등 검사대행기관 등에 관한 규칙 → 기관칙
곤돌라안전규칙 → 곤돌라칙
기계 등 검정규칙 → 검정칙
유기용제중독예방규칙 → 유기칙
노동안전컨설턴트 및 노동위생컨설턴트규칙 → 컨설칙
납중독예방규칙 → 납칙
사알킬납중독예방규칙 → 사알킬칙
특정화학물질 등 장해예방규칙 → 특화칙

3장 법체계와 안전위생관리 활동관계

1 산업안전보건법과 관련 법령의 체계도

노동기준법 — 노동기준법시행규칙 / 여성노동기준규칙 / 연소자노동기준규칙 / 사업부속기숙사규정 / 건설업부속기숙사규정

노동안전위생법

노동안전위생법시행령

산업안전보건규칙
보일러 및 압력용기안전규칙
크레인 등 안전규칙
곤돌라안전규칙
유기용제중독예방규칙
납중독예방규칙
사알킬납중독예방규칙
특정 화학물질 등 장해예방규칙
고기압작업안전위생규칙
전리방사선장해방지규칙
산소결핍증 등 방지규칙
분진장해방지규칙
제조시 등 검사대행기관 등에 관한 규칙
기계 등 검정규칙
산업안전지도사 및 산업위생지도사

작업환경측정법 — 작업환경측정법시행령 — 작업환경측정법시행규칙

진폐법 — 진폐법시행규칙

노동재해방지단체법 — 노동재해방지단체법시행규칙

노동자재해보상보험법 — 노동자재해보상보험법시행령 — 노동자재해보상보험법시행규칙

고용보험법 — 고용보험법시행령 — 고용보험법시행규칙

❖ 안전관리 포인트

☞ 다음의 안전규칙을 지켜 무사고 · 무재해 공사가 되도록 노력할 것

1. 국가의 규칙 : 노동안전위생법 등 안전위생관계법령
2. 건설업단체의 규칙 : 건설업노동재해방지규정 등
3. 회사의 규칙 : 도급회사, 협력회사의 안전위생관계규정
4. 현장의 규칙 : 작업지침, 작업표준 등

2 안전시공 사이클

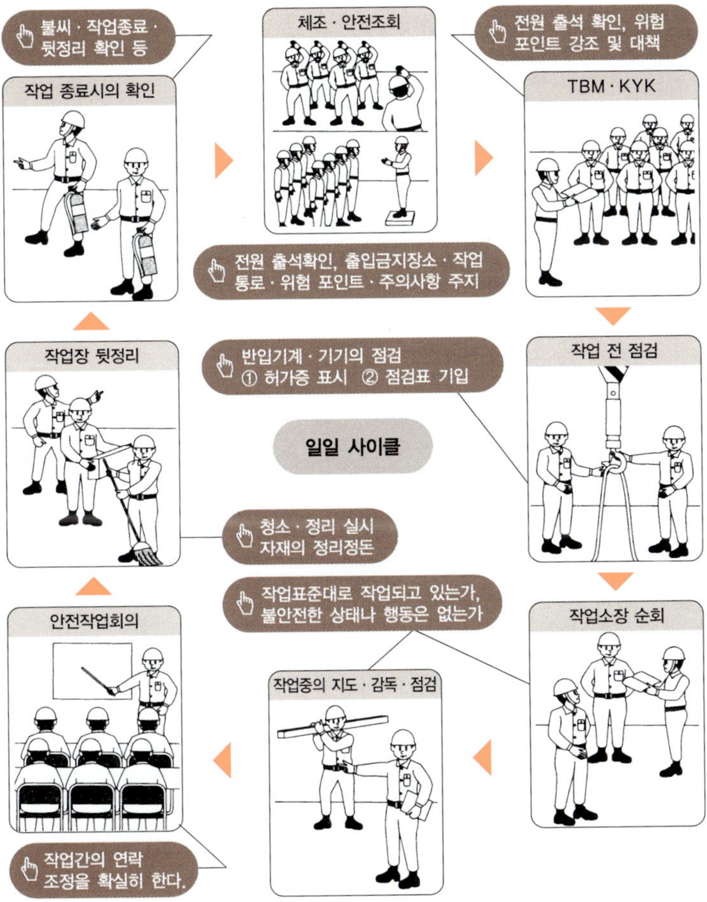

❖ 안전관리 포인트

☞ 사고 · 재해는 대부분 불안전한 상태나 행동이 원인이 되어 발생한다. 간접적인 원인 중 하나로 안전위생관리상의 결함을 들 수 있다. 안전시공 사이클을 효과적으로 실시하고 사고 · 재해의 원인을 신속히 발견하여 적합한 조치를 취해 재해 0(제로)가 되도록 할 것!!

3 발주자 · 사업자 · 관련 도급인의 관계

발 주 자

↓

안위법 제30조 제2항

주문자 중 그 일을 다른 이에게 도급하지 않고 주문하는 자

사업자, 특정사업자

↓

안위법 제15조

사업자 :
한 장소에서 하는 사업의 일부를 협력회사(관련 도급인)에게 도급하고, 자기도 사업의 일부를 담당하는 일차 도급계약에서의 주문자

특정사업자 :
사업자 중 건설업, 조선업을 하는 자

1차 협력회사

↓

2차 협력회사

↓

3차 협력회사

(주문자: 발주자 ~ 2차 협력회사 / 사업자: 사업자, 특정사업자 ~ 3차 협력회사 / 관련도급인: 1차 협력회사 ~ 3차 협력회사)

❖ 안전관리 포인트

- ☞ 주문자 : 도급계약의 당사자이자 협력회사(도급인)에게 도급을 주는 자.
- ☞ 사업자 : 사업을 하는 자로 노동자를 사용하는 자(법인 또는 개인경영인).
- ☞ 관련 도급인 : 사업자 이외의 협력회사.

4 총괄 · 사업주의 선임과 직무

총괄안전위생책임자 안위법 제15조

총괄안전위생책임자

특정 사업자는 한 장소에서 다수의 작업이 이루어짐에 따라 생기는 노동재해를 방지하기 위해 '안전보건총괄책임자'를 선임(건축관계 업무는 상시 50인의 작업원이 있는 경우)하고, 도급자 안전위생관리자에게 지휘를 하게 함과 동시에 작업 전체의 총괄관리를 해야 한다. 국내는 공사금액 20억원 이상(법 제13조, 시행령 9조, 시행규칙 제12조 별표참조)

직무 :

1. 협의조직 설치 · 운영
2. 작업간의 연락 · 조정
3. 작업장소 순회
4. 협력회사가 하는 안전위생교육을 위한 자료 등의 제공
5. 공정계획 및 기계 · 설비의 배치계획 작성, 협력회사가 작성하는 작업계획 지도
6. 크레인 등의 운전신호 통일
7. 비상시의 경보 통일
8. 기타 필요한 사항

사업주 안전위생관리자

선임 : 일정 자격을 갖춘 자 중에서

① 4년제 대학 졸업자는 바로 안전관리자 선임
전문대학 졸업자는 산업기사로 선임(종전 안전관리자 2급)

직무 : 기술적 사항을 관리한다(상기 1~8의 안전 · 위생에 대한 구체적 사항)

❖ 안전관리 포인트

☞ 총괄안전보건책임자 : 해당 사업의 실시를 총괄 · 관리하는 자로서, 관련 도급인의 노동자를 포함하여 상시 50인 이상이 되는 경우 선임한다.

☞ 안전보건관리자 : 총괄안전위생책임자를 선임한 사업장에서 선임하며, 총괄안전보건책임자가 총괄 관리해야 하는 사항 중 기술적 사항을 관리한다.

5 사업자의 책무(1)

사업자가 해야 할 조치 등 　산업안전보건법 제5조

사업자

법령을 위반한 경우에는 시정을 위해 필요한 지시와 법령을 위반하지 않도록 지도

1. 취업 제한업무 → 유자격자인가
2. 특별교육 → 특별교육수료자인가
3. 작업주임자 → 필요한 작업에 적절히 배치되어 있는가
4. 감시인 또는 유도자 → 필요한 작업에 적절히 배치되어 있는가
5. 반입기계 · 기기의 안전기준 확보 및 법정 점검(검사)의 실시상황
6. 안전위생교육의 실시상황
7. 정기건강진단의 실시상황 등

협력회사 및 작업원

사업자에게 지도 · 지시를 받은 경우에는 그에 따라야 한다.

❖ 안전관리 포인트

☞ 사업자는 협력회사, 작업원에 대해 법령을 위반하지 않도록 필요한 지도를 하는 것 외에도 법령을 위반하는 경우에는 시정을 위해 필요한 지시를 해야 한다.

6 사업자의 책무(2)

사업자가 해야 할 기술상의 지도 등 산업안전보건법 제5조

사업자

기술상의 지도와 기타 필요한 조치

1. 기술지도
2. 자재의 제공
3. 스스로 하는 위험방지 조치
4. 협력회사와 협력하여 행하는 위험방지 조치

협력회사

특정 사업자 등에 관한 특별규제

	위험개소	위험방지조치
토사 등이 붕괴될 우려가 있는 장소	지반 붕괴 토석 낙하	· 지반을 안전한 구배로 한다. · 낙하될 우려가 있는 토석을 제거한다. · 옹벽 · 흙막이널지보공을 설치한다. · 빗물 · 지하수를 배제한다. · 방호망을 부착한다. · 출입을 금지시킨다.
매설물, 옹벽 등이 파손될 우려가 있는 장소	매설물 등 또는 콘크리트 블록벽, 옹벽, 벽돌벽	· 보강 · 이설한다.
	지반 붕괴	· 방호한다. · 이설한다.

❖ 안전관리 포인트

☞ 다음과 같은 경우에는 위험을 방지하기 위해 협력회사측에 기술적 지도, 기타 필요한 조치를 할 것

1. 토사 등이 붕괴될 우려가 있는 장소에서 작업하는 경우
2. 가공전선에 접촉 또는 접근함으로써 감전의 위험이 있는 경우(p.70 참조)

7 사업자의 책무(3)

사업자가 해야 할 기술상의 지도 등 　산업안전보건법 제5조

사 업 자

↓ 기술상의 지도와 기타 필요한 조치

협력회사

*p.17 참조

특정 사업자 등에 관한 특별규제 　안위칙 제634조의 2

위험개소			위험방지 조치
기초공사용 기계*1	전도·전락 우려	· 노견, 경사지	· 갓길의 붕괴방지 · 지반의 부동침하방지 · 유도원 배치
		· 연약지반	· 부판(敷板) · 부각(敷角) 등을 사용
		· 작업구대	· 내력 확인 · 보강
	감전 우려	· 가공전선 근접장소	· 충전전로 이설 · 감전방지 울타리 · 절연용 방호구 장착 · 감시인을 배치하여 감시(위의 3항목을 조치하기 어려운 경우)
이동식 크레인	전도·전락 우려	· 연약지반 · 법적인 갓길 · 매설물, 기타 지하공작물	· 넓이 및 강도를 가지는 철판 등*2의 사용 · 철판 등*2의 중앙에서 아우트리거 사용
	감전 우려	· 가공전선 근접장소	· 충전전로 이설 · 감전방지 울타리 · 절연용 방호구 장착 · 감시인을 배치하여 감시(위의 3항목을 조치하기 어려운 경우)

*1 기초공사용 기계 : 안위령 별표 제7 제3호에 게재한 것과, 말뚝타입기계, 말뚝인발기계가 있다.
*2. '철판 등' 에는 덧판 · 밑둥보강이 포함된다.

❖ 안전관리 포인트

☞ 가공전선에 근접한 장소에서 말뚝타입기계, 말뚝인발기계, 이동식 크레인 등을 사용하는 작업이 행해져 감전의 위험이 있는 경우 또는 기계 등이 전도될 우려가 있는 장소에서의 작업에 대해서는 협력회사에 기술적 지도와 기타 필요한 조치를 할 것

8 특정 사업자의 책무(1)

노동재해방지 활동항목	노동재해방지 조치
협의조직의 설치 및 운영 · 특정 사업자와 모든 협력회사가 참가하는 협의조직을 설치한다. · 회의는 정기적으로 개최한다.	· 총괄(원)이 소집한다. · 사업 공사담당자 및 모든 협력회사의 안전보건책임자를 망라한다. · 공정 · 작업간의 연락조정 · 안전대책을 협의한다.
작업간의 연락 및 조정 · 특정 사업자와 협력회사간 · 협력회사 상호간	· 일일 안전작업회의, 안전지시 등 공정을 포함하여 연락조정을 한다.
작업장소 순시 · 매 작업일에 1회 실시	· 법령 위반의 시정 지시 · 연락조정 및 지시사항 등의 확인 · 제공하고 있는 설비 등의 주문자로서의 책무
협력회사가 하는 안전 · 위생교육에 대한 지도 및 지원 · 교육할 장소 제공, 사용할 자료 작성	· 교육을 하기 위한 강사 파견, 시설 제공, 교육자료 제공 등
계획 작성 · 공정계획 및 기계 · 설비 등의 배치계획 작성 · 기계 · 설비의 사용에 관한 지도	☞ p.24, 25 "건설기계의 작업계획서 작성" 참조

총괄 : 총괄안전보건책임자/ 원 : 원안전보건관리자 / 협력회사 : 관련 도급인

❖ 안전관리 포인트

☞ 동일한 장소에서 다수의 작업이 혼재함으로써 생기는 재해방지 조치

1. 협의조직의 설치 및 운영
2. 작업간의 연락 및 조정
3. 작업장소 순시
4. 협력회사가 하는 안전, 위생교육에 대한 지도, 원조
5. 공정계획, 기계 · 설비 등의 배치계획 작성 등

9 특정 사업자의 책무(2)

노동재해방지 활동항목	노동재해방지 조치
크레인 등의 운전에 관한 신호 통일	· 크레인 · 이동식 크레인 · 데릭 · 간이 리프트 · 건설용 리프트 · 운전에 관한 신호를 통일하고 그 내용을 표시(도표화)하여 보기 쉬운 위치에 게시하여 알린다.
사고현장 등의 표시 통일 등	· 잠함 작업실 · 기공실 · 유기용제 · 산소결핍 · 사고현장에 표시하고, 관계자 외에는 출입을 금지시킨다.
유기용제 등의 용기수집 장소 통일	· 도료 · 방수제 등 유기용제를 함유하는 것과 그 용기(찬 것과 빈 것 모두 포함)의 수집장소를 정해 알린다.
경보의 통일 등	· 발파 · 화재 · 토사붕괴 · 누수 · 눈사태 발생 또는 그럴 우려가 있는 경우
주지를 위한 자료 제공 등	· 협력회사가 하는 신참교육(작업상황, 작업상호간의 관계 등)을 주지시키기 위한 장소 및 자료 제공 등을 원조한다.

협력회사 : 관련 도급인

❖ 안전관리 포인트

☞ 협력회사가 차량계 건설기계, 이동식 크레인 등을 이용하여 작업하는 경우에는 작업계획, 작업방법 등에 대하여 사업자가 작성한 시공계획을 기초로 하여 협력회사를 지도할 것

☞ 표시 등은 보기 쉬운 위치에 게시하고 알릴 것

MEMO

4장 차량계 하역운반기계 관계

1 차량계 하역운반기계 등의 작업(1)

차량계 하역운반기계의 종류

1. 포크 리프트
2. 쇼벨 로더
3. 포크 로더
4. 스트래들 캐리어
5. 부정지(부지정리 이외)의 운반차
6. 구내운반차
7. 화물자동차

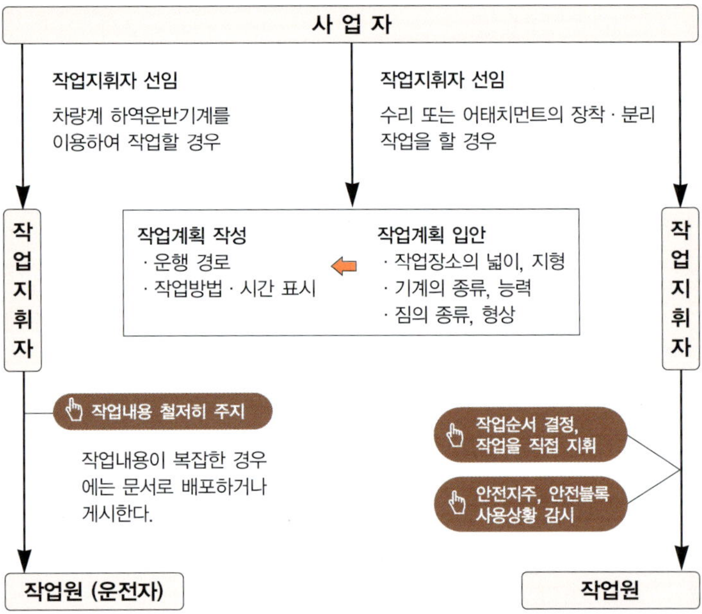

운전위치에서 떨어진 경우의 조치

☞ '안전관리 포인트' 참조

❖ 안전관리 포인트

- ☞ 작업지휘자를 선임하고 작업계획을 기초로 하여 작업지휘를 할 것
- ☞ 운전 위치에서 떨어진 경우에는 포크, 쇼벨 등의 하역장치를 최저 하강 위치에 놓을 것
- ☞ 운전 위치에서 떨어진 경우에는 원동기를 멈추고 브레이크(쐐기, 스토퍼로 멈춤)를 확실하게 걸고 키를 뽑을 것

2 차량계 하역운반기계 등의 작업(2)

사업자

짐의 적재
· 편하중이 생기지 않도록 적재한다.
· 짐이 흐트러지거나 떨어지지 않도록 하기 위한 조치로 짐에 로프 또는 시트를 친다.

차량계 하역운반기계 등의 이송
· 평탄하고 견고한 장소에서 한다.
· 도판을 사용할 때에는 충분한 길이, 폭, 강도를 가진 것을 사용하고, 적당한 구배로 확실하게 설치한다.
· 성토, 가설대 등을 사용할 경우에는 충분한 폭과 강도, 적당한 구배를 확보한다.

탑승 제한
· 승차석 외의 장소에는 사람을 태우지 않는다 (부정지운반차 및 화물자동차 제외).

주된 용도 외의 사용 제한
· 짐을 끌어올리거나 사람의 승강 등 주된 용도 외의 용도로 사용하지 않는다.

작업원(운전자)

제한속도
· 지형, 지반의 상태 등에 맞는 적정한 제한속도를 정하여 작업한다.
· 운전자는 제한속도를 넘지 않는다.

전락 등의 방지
· 운행경로의 폭원, 지반침하, 노견(갓길) 붕괴의 방지 등에 필요한 조치
· 위험이 생길 우려가 있는 경우는 유도자를 배치하고 운전자는 유도자를 따른다.

접촉의 방지
· 기계 또는 짐에 접촉하는 곳은 출입금지
· 유도자를 배치하고 운전자는 유도자를 따른다.

신호
· 유도자를 배치할 경우에는 일정 신호를 정해서 작업한다.
· 운전자는 신호에 따른다.

출입금지
· 포크쇼벨 · 암 등 또는 이들에 의해 지지되었던 짐 하부에는 출임금지, 수리 · 점검 등의 작업을 하는 경우에는 안전지주, 안전블록을 사용한다.

❖ 안전관리 포인트

☞ 짐을 쌓아놓은 경우 무너지지 않도록 방지조치를 할 것
☞ 승차석 외에는 사람을 태우지 말 것(부정지운반차, 화물자동차는 제외)
☞ 짐을 끌어올리거나 사람의 승강 등 주된 용도 외에는 사용하지 말 것
☞ 기계 또는 짐에 접촉될 우려가 있는 장소에는 출입금지를 시킬 것
☞ 유도자를 배치한 경우에는 일정 신호를 정할 것

5장 건설기계 관계

1 건설기계의 작업계획서 작성

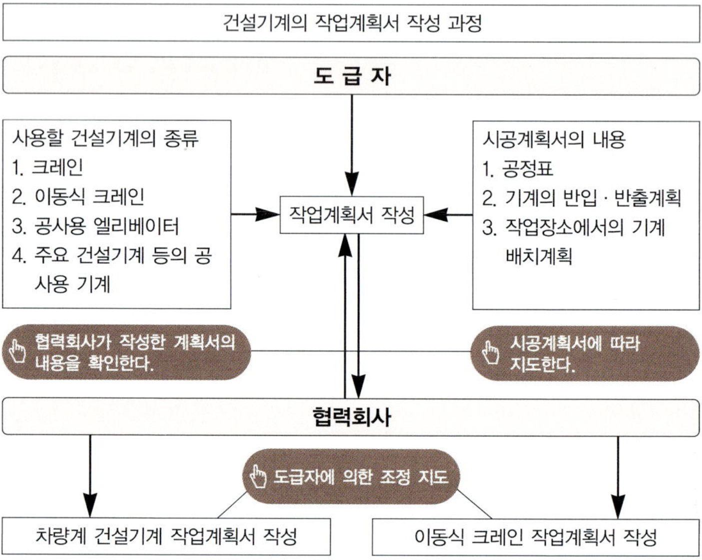

차량계 건설기계를 사용하는 작업(기계본체 중량 3t 이상, 단, 콘크리트 펌프차는 기계본체의 중량 제한 없음)

차량계 건설기계에 대해서는 작업계획에 다음의 내용을 표시한다.

1. 기계의 종류 · 능력
2. 운행경로
3. 작업방법

이동식 크레인을 사용하는 작업(끌어올리는 하중이 3t 이상)

이동식 크레인에는 전도 · 끼임 · 짐의 낙하 · 감전재해방지를 위해 작업장소 · 지형 · 지질 · 짐의 중량 · 기종 · 능력을 고려한 다음의 사항에 대해 계획을 한다.

1. 작업방법
   - 한 번에 끌어올리는 짐의 양
   - 짐을 쌓아둘 위치
   - 설치 위치
   - 후크걸이방법
2. 전도방지방법
   - 철판 부설의 위치
   - 아우트리거의 게시
   - 아우트리거의 위치
3. 작업원의 배치 및 지휘계통
   - 지휘자 · 후크걸이자, 신호자의 지명
   - 작업장소, 출입금지장소 설정

작 업 계 획 서 (차량계 건설기계)

원도급확인	조치의무자	회의참가자

작업소   년   월   일 ( )

작업계획	작업조건	사용업자명		리스회사명			
		특정작업기간	년 월 일 ~ 년 월 일				
		작업내용					
	계획 / 기종성능	차량계건설기계명		형식			
		특정자체검사실시일		정기자체검사실시일			
		최대부하 하중	㎥	기체중량			
	계획 / 인원배치	운전자명 (선임)		기능강습종료		번호	
						번호	
		작업주임자명 (선임)		기능강습종료		번호	
						번호	
		작업지휘자명 (지명)		유도자 (지명)			
		신호자 (지명)		감시인 (지명)			
	계획	출입금지조치	바리케이드 · 로프 · 기타				
		제한속도					
		운행경로					
		신호방법	수신호도 · 호루라기 · 깃발 · 무선				
		전락방지					
		접촉방지					
		일주방지					
		운전자에 대한 지시사항	※ 지시사항에 ○표시를 할 것 ·안전장치를 확인할 것 ·안전장치를 무효로 하지 말 것 ·안정도, 최대사용하중 등을 지킬 것 ·작업회의 외의 작업은 하지 말 것 ·승차석 외에는 노동자를 태우지 말 것 ·지형, 지질을 확인할 것				

작업방법
(협력업자 기입)

지시사항
(원도급 기입)

평면도
(차량계 건설기계의 배치도)

작 업 계 획 서 (이동식 크레인 · 말뚝타입기계 등)

원도급확인	조치의무자	회의참가자

작업소   년   월   일 ( )

작업계획	작업조건	사용업자명		사용업자명			
		양중물		양중물			
		작업내용					
		작업기간	년 월 일 ~ 년 월 일				
		설치장소	오른쪽 그림 참조	하역장소	오른쪽 그림 참조		
		양중높이	높이 m, 깊이 m	최대작업반경	m		
	계획	기계명					
		크레인검사증 유효기간		정기자체검사실시일			
		정격총하중	t (지프 m t)				
		최대지상 양정	m (지프 m t)				
		최대작업 반경	m (지프 m t)				
		운전자명 (선임)		운전자격증		번호	
		신호자 (지명)	(정) (부)	감시인 (지명)		작업 지휘자	
		후크걸이작업책임자(선임)					
		후크걸이자 (선임)	(정) (부)	기술강습수료증		번호	
		출입금지조치	바리케이드 · 로프 · 기타				
		장내운행통로					
		전도방지조치	① 철판(× × mm) · 부각( ) · 부판(× □)				
		신호방법	수신호도 · 호루라기 · 깃발 · 무선				
		후크걸이로프 등	ø m 개				
		정격총하중	kg	양중하중	kg	정격하중	
		가공선 등					
운전자에 대한 지시사항		· 안전장치를 확인할 것 · 크레인의 성능을 초과하는 운전을 하지 말 것 · 안전장치를 무효로 하지 말 것 · 후크걸이자, 신호자와의 회의를 할 것 · 아우트리거를 최대 설치로 할 것 · 작업회의 외의 작업을 하지 말 것		작성상의 유의점	· 크레인 상부체와의 접촉, 크레인칙 제74조의 2에 해당하는 양중물 하부의 출입금지조치 · 이동식 크레인의 지프조립작업지휘자 : 크레인의 조립 또는 해체작업(크레인칙 제33조) ※지시사항에 ○표시할 것		

작업방법
(협력업자 기입)

지시사항
(원도급 기입)

평면도
(이동식 크레인 · 말뚝타입기계 등의 배치도)

* (정격총하중) = (양중하중(후크의 중량 등))+(정격하중)

❖ 안전관리 포인트

☞ 작업계획서에는 다음의 내용을 기술하고, 도급자는 시공계획서를 기초로 하여 협력회사에 조정 및 지도를 해야 한다.

1. 작업장소에서의 기계 배치계획
2. 작업방법
3. 기계의 종류 · 능력
4. 작업원의 배치계획 및 지휘, 명령 계통

2 건설기계작업시의 연락조정

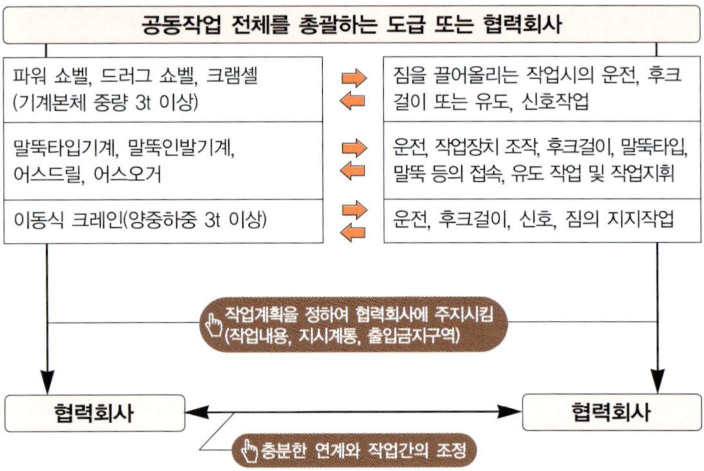

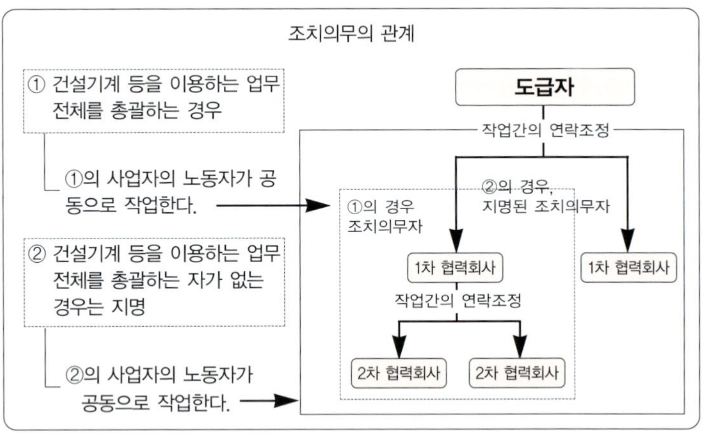

❖ 안전관리 포인트

☞ 2 이상 협력회사의 작업원이 한 장소에서 기계를 사용하여 짐을 끌어올리는 등의 작업(특정작업)을 하는 경우, 그 작업 전체를 총괄하는 원도급은 작업에 종사하는 모든 작업원에게 노동재해를 방지하기 위해 작업방법 등에 대하여 연락 · 조정을 취해야 한다.

3 차량계 건설기계의 분류

정지 · 운반 · 짐싣기용 기계
- 불도저
- 모터 그레이더
- 트랙터 쇼벨
- 스크레이퍼
- 위에 게재한 기계와 유사한 것으로서 노동부령에서 정하는 기계 등

굴삭용 기계
- 파워 쇼벨
- 크램셸
- 버킷 굴삭기
- 위에 게재한 기계와 유사한 것으로서 노동부령에서 정하는 기계 등

기초공사용 기계
- 말뚝타입기계
- 말뚝인발기계
- 어스드릴
- 리버스서큘레이션 드릴
- 어스오거
- 위에 게재한 기계와 유사한 것으로서 노동부령에서 정하는 기계 등

체결용 기계
- 롤러
- 위에 게재한 기계와 유사한 것으로서 노동부령에서 정하는 기계 등

콘크리트 타설용 기계
- 콘크리트 펌프차
- 위에 게재한 기계와 유사한 것으로서 노동부령에서 정하는 기계 등

해체용 기계
- 브레이커
- 위에 게재한 기계와 유사한 것으로서 노동부령에서 정하는 기계 등

왼쪽 항목의 관례 및 보충설명

해석 예규
'불도저'에는 스트레이트 도저, 앵글 도저, 틸드 도저, 레이키 도저 등을 포함한다.
'트랙터 쇼벨'이란 복대식 또는 타이어식으로 전체 4륜 구동의 것을 말하며, 소위 쇼벨로더라고 하는 것으로서, 앞바퀴 또는 뒷바퀴의 2륜구동은 포함하지 않는다.
굴삭용, 기초공사용 등의 구분은 편의상 주된 용도를 나타낸 것이며, 해당 기계의 용도를 한정시킨 것은 아니다.
'파워 쇼벨', '크램셸'은 동일한 기체이며 어태치먼트 교환에 의해 각각의 명칭으로 불리는 것이 대부분이며, 이들은 만능굴삭기라고도 한다.
'말뚝박기기계' '말뚝뽑기기계'에는 이동식 크레인에 바이브로해머 등을 세트시킨 것을 포함한다.
'롤러'에는 타이어 롤러, 진동 롤러, 탬핑 롤러 등이 있다.

❖ 안전관리 포인트

☞ 상기 내용은 산업안전기준에서 건축공사에 주로 사용되는 것을 추출한 것으로서, 다른 기계를 사용할 경우에는 동 별표 제2에서 반드시 확인할 것

4 차량계 건설기계 사용 전 등의 확인사항

도 급 자

조사 및 기록

안전기준 제218조

기계전락, 지반붕괴 등의 위험을 방지하기 위해 지형 · 지질의 상태 등을 조사하고 기록을 남긴다.

관계자에게 내용을 주지

작업계획

안전기준 제219조

1. 기계의 종류 및 능력
2. 운행경로
3. 작업방법

전조등 설치

안전기준 제216조

사용 제한

안전기준 제227조

안정도, 최대사용하중 등을 지킨다.

차량계 건설기계의 이송

안전기준 제225조

1. 하역은 평탄하고 견고한 장소
2. 길이, 폭 및 강도가 있는 도판을 사용하여 적당한 구배로 확실하게 부착한다.
3. 성토, 가설대 등을 사용할 때에는 폭, 강도 및 구배를 확보

작업개시 전 점검

브레이크 및 클러치 기능 점검

헤드가드 부착

안전기준 제217조

암석낙하 등에 의해 위험한 경우(불도저, 트랙터 쇼벨, 버럭 쌓는 기계, 파워 쇼벨 및 브레이커에 한함)

미니 백호

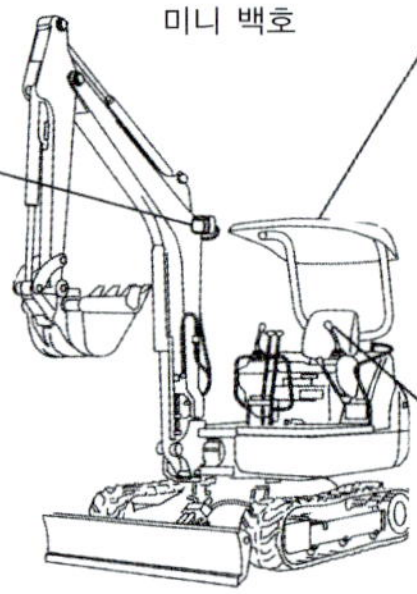

탑승 제한

안전기준 제226조

승차석 외에는 사람을 태우지 않는다.

정기자체검사

1년 이내마다 1회 특정자체검사
1개월 이내마다 1회 월례자체검사

정기자체검사 기록

3년간 보존

보수 등

자체검사 · 점검시 이상이 발견된 경우에는 즉시 보수하고, 기타 필요한 조치를 한다.

❖ 안전관리 포인트

☞ 차량계 건설기계를 사용할 때에는 작업계획을 작성하고, 그 내용을 관계자에게 주지시켜 작업할 것.

☞ 작업개시 전에는 반드시 점검을 하고, 기록을 남길 것. 이때 이상이 발견된 경우에는 즉시 보수할 것.

5 차량계 건설기계 사용시 등의 확인사항

도 급 자	→	운 전 자

제한속도 안전기준 제220조

지형 · 지질의 상태 등에 따라 적정 제한속도를 정한다(최고속도 10km/h 이하는 제외)

전락 등의 방지 안전기준 제221조

기계의 전도 또는 전락에 의한 위험을 방지하기 위해 다음 조치를 한다.

1. 노견(갓길) 붕괴 및 지반의 부동침하 방지
2. 필요한 폭원 유지
3. 유도자를 배치하여 유도하게 함
4. 운전자는 유도에 따른다.

접촉 방지

· 기계에 접촉될 우려가 있는 경우 출입을 금지시키거나 유도자를 배치한다.

· 운전자는 유도에 따른다.

신호 안전기준 제223조

· 유도자를 두는 경우에는 신호를 정하여 신호하도록 한다.

· 운전자는 신호에 따른다.

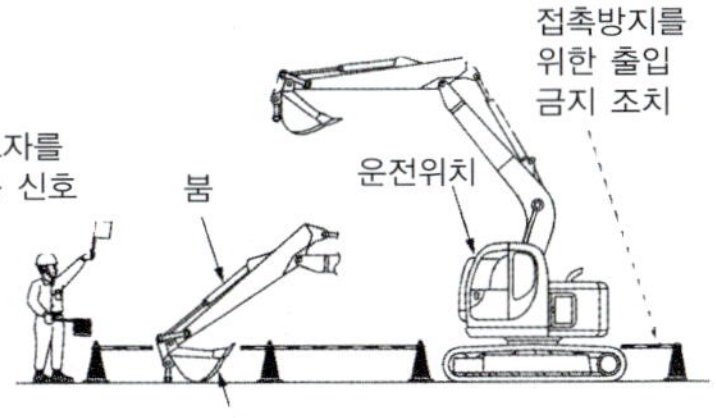

운전 위치에서 이탈 안전기준 제224조

· 버킷 등을 지상에 내려놓는다.

· 엔진을 멈추고, 주행 브레이크를 걸어 이탈을 방지한다.

수리 등 안전기준 제230조

기계의 수리 또는 어태치먼트 장착 및 해체작업을 할 때에는 작업지휘자를 선임한다.

1. 작업순서를 정하고, 작업을 지휘한다.
2. 안전지주, 안전블록 등의 사용상황을 감시한다.

붐 등의 강하에 의한 위험방지 안전기준 제229조

수리 · 점검작업을 하던 중, 붐이나 암 등이 갑자기 떨어질 위험이 없도록 안전지주, 안전블록 등을 사용한다.

❖ 안전관리 포인트

☞ 기계와의 접촉을 피하기 위해 작업반경 내에는 출입금지 조치를 할 것.

☞ 운전자는 운전석을 떠날 경우 버킷 등을 지상에 내려놓고 엔진을 끈 다음 키를 뽑을 것.

6 고소작업차의 작업과 관리

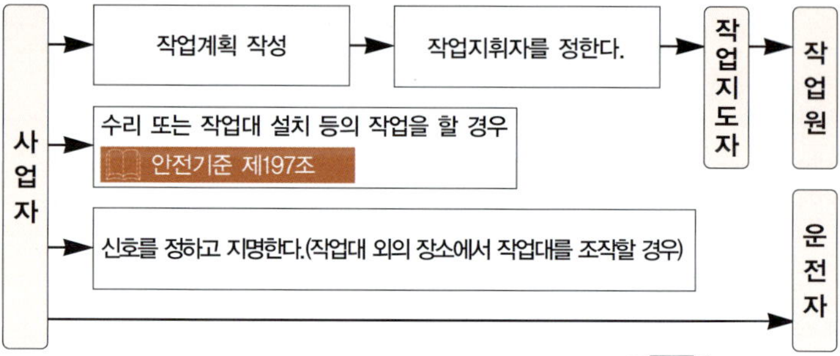

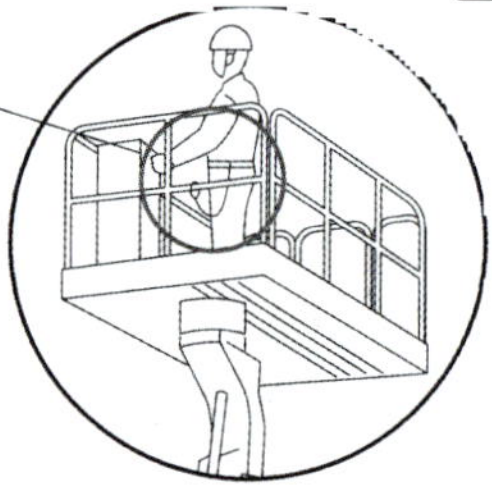

안전대 사용

접지면에 대해 수직승강형 구조를 지닌 것은 제외

고소작업차의 이송

- 하역은 평탄하고 견고한 장소에서 한다.
- 도판은 충분한 길이, 폭, 강도를 지니고 적당한 구배로 확실하게 부착한다.
- 성토, 가설대 등을 사용할 경우에는 충분한 폭 및 강도, 적당한 구배를 확보한다.

작업대 탑승제한 등

주행시킬 때에는 작업대에 작업원을 태우지 않는다. 단, 평탄하고 견고한 장소에서 다음과 같은 조치를 하는 경우에는 가능하다(작업대에서 주행조작을 하는 구조의 것은 제외)

1. 유도자를 배치하여 유도하게 한다.
2. 일정 신호를 정해 유도자에게 신호를 하게 한다.
3. 제한속도를 정해 운전하게 한다.

전도 · 전락 등의 방지

전락 등의 방지

전도 · 전락을 방지하기 위해 아우트리거를 대고 지반면의 부동침하 방지와 노견붕괴 방지 등의 조치를 한다.

❖ 안전관리 포인트

- ☞ 고소작업차를 사용하여 작업할 경우에는 작업계획을 작성하고 작업지휘자를 정한다. 또한 작업지휘자는 작업계획을 기초로 하여 작업원에게 작업방법을 주지시켜 작업을 지휘할 것
- ☞ 작업대 위에서는 반드시 안전대를 사용할 것
- ☞ 운전위치를 떠날 경우에는 작업대를 최저하강 위치에 놓은 후 엔진을 끄고 브레이크를 건 다음 키를 뽑을 것.

도 급 자

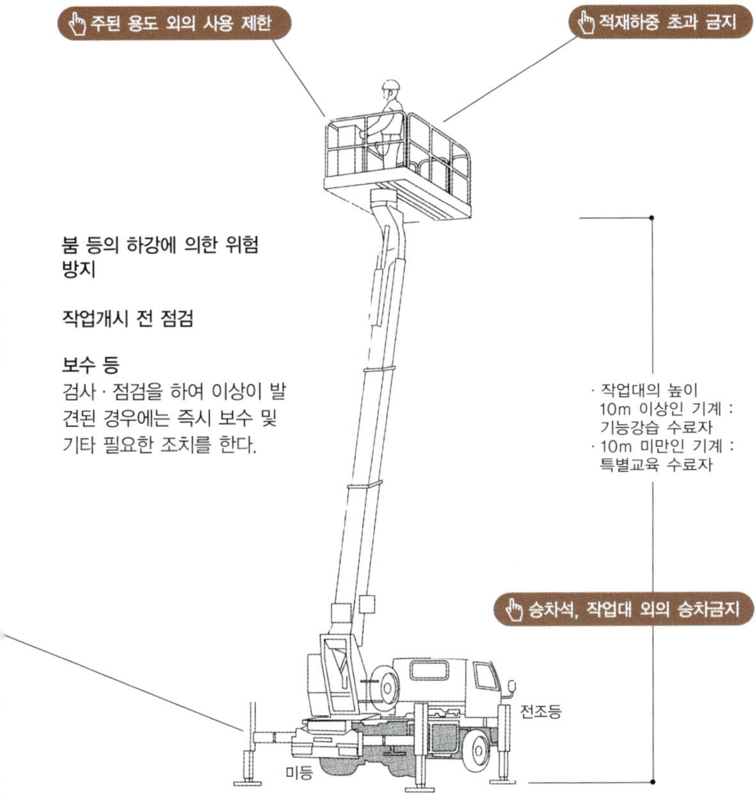

붐 등의 하강에 의한 위험 방지

작업개시 전 점검

보수 등
검사 · 점검을 하여 이상이 발견된 경우에는 즉시 보수 및 기타 필요한 조치를 한다.

❖ 안전관리 포인트

☞ 고소작업차를 사용하여 작업할 경우에는 다음의 운전자격을 지킬 것
- 작업대의 높이가 10m 이상인 경우 : 기능강습 수료자(p.81 참조)
- 작업대의 높이가 10m 미만인 경우 : 특별교육 수료자(p.82 참조)

☞ 1년마다 1회 특정자체검사, 1개월 이내마다 1회 월례검사를 실시할 것.

☞ 자체검사 기록은 3년간 유지할 것.

7 크레인 작업과 관리

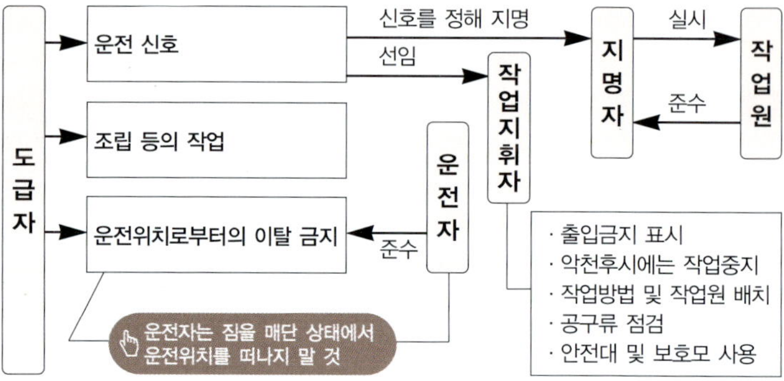

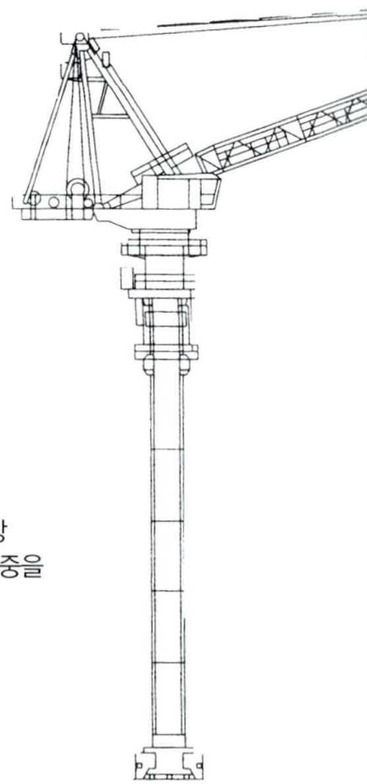

강풍시의 작업중지

정기자체검사
- 1년 이내마다 1회
- 1개월 이내마다 1회

작업개시 전의 점검

폭풍 후 등의 점검

안전기준 115조

옥외 크레인 : 순간풍속 30m/s를 넘은 후
모든 크레인 : 중진 이상의 지진 후

자체검사 등의 기록
검사기록은 3년간 보존

보수

정격하중의 표시 등
운전자, 후크걸이자가 항상 볼 수 있는 장소에 정격하중을 표시한다.

❖ 안전관리 포인트

- 강풍시(평균풍속 10m/s)에는 작업을 중지할 것.
- 중진 이상의 지진이 있은 후 작업할 경우에는 점검을 할 것.
- 옥외에 설치된 크레인 작업을 폭풍 후에 할 경우에는 점검을 할 것.

특별교육이 필요한 작업

· 양중하중이 5t 미만인 경우의 크레인 운전
· 양중하중이 5t 이상인 과선텔하의 운전

취업제한

안전기준 109조

· 양중하중이 5t 이상인 경우의 크레인 운전 : 크레인운전자 면허
· 양중하중이 5t 이상인 작업대 위 조작식 크레인의 운전 : 기능강습 수료자

경사각 제한

안전기준 128조

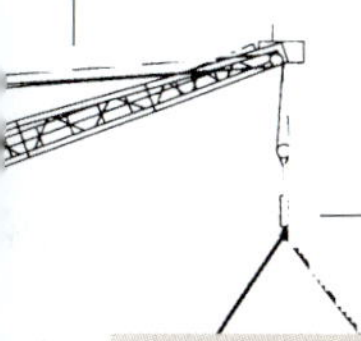

풀림방지장치 사용

안전기준 108조

후크의 풀림방지장치를 크레인에 갖추고 사용할 것

과하중 제한

안전기준 127조

정격하중을 넘는 하중으로 사용해서는 안 된다.

탑승 제한

안전기준 129조

크레인으로 사람을 운반하거나 끌어올려서는 안 된다.

짐 하부의 출입금지

안전기준 131조

☞ p.36 '짐 하부의 출입금지 범위' 참조

❖ 안전관리 포인트

☞ 크레인의 후크에는 풀림방지장치를 갖추어 사용할 것
☞ 정격하중을 항상 볼 수 있는 장소에 표시할 것
☞ 정격하중, 경사각 등 사용범위를 넘어 작업하지 않도록 할 것
☞ 사람을 운반하거나 끌어올려 작업하지 않을 것
☞ 짐 하부에는 출입을 금지시킬 것

8 이동식 크레인의 작업과 관리

도 급 자

탑승 제한

안전기준 129조

크레인으로 사람을 운반하거나 끌어올려서는 안 된다.

어쩔 수 없는 경우에는 필요한 조치를 한다.

1. 탑승설비 탈락 등의 방지
2. 안전대 사용
3. 정격하중을 초과하지 말 것
4. 탑재설비를 하강시킬 때에는 동력강하

운전위치로부터의 이탈 금지

짐을 실은 채 운전 위치에서 벗어나지 않는다.

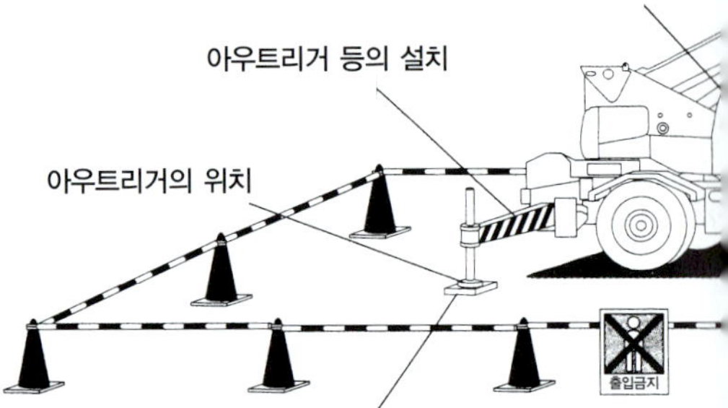

연약지반, 매설물 등에서의 사용금지

전도의 우려가 있는 경우는 강도가 있는 철판 등을 부설한다.

강풍시의 작업중지

평균풍속 10m/s 이상인 경우

강풍시의 전도 방지

지브를 고정한다.

지브 조립 등의 작업

작업지도자를 선임하고 그의 지도하에 작업을 실시하게 한다.

- 관계자 외 출입금지 표시
- 악천후시에는 작업중지
- 작업방법 및 배치를 정해 작업을 지휘
- 공구 등의 점검
- 작업 중에는 안전대 및 보호모 사용

❖ 안전관리 포인트

- ☞ 아우트리거는 최대로 설치하고, 발 밑에는 철판을 부설할 것.
- ☞ 작업반경 내에는 출입금지시키고, 이를 표시할 것.
- ☞ 짐 하부에는 출입금지시키고, 이를 표시할 것(p.36 참조).
- ☞ 강풍시에는 작업을 중지시킬 것.
- ☞ 짐을 실은 채로 두고 운전위치에서 벗어나지 말 것.

도 급 자

경사각 제한

안전기준 128조

검사증 비치

사용 제한

설계의 기준이 된 부하조건

안전기준 122조

안전판 조정

권과방지장치 조정

안전기준 106조

풀림방지장치 사용

안전기준 125조

과부하 제한

안전기준 127조

작업개시전 점검

작업방법 등의 결정 등

- 작업장소의 넓이
- 지형 및 지질의 상태
- 짐의 중량
- 기계의 종류 · 능력

운전 신호

왼쪽에 기재한 사항을 고려하여 작업방법 등을 결정

작업방법
- 짐의 양
- 하역 위치
- 크레인의 설치 위치
- 후크걸이 방법

전도방지 방법
- 철판 등의 부설 조치
- 아우트리거 설치
- 아우트리거의 위치

작업원의 배치 및 지휘계통
- 지휘자, 후크걸이자, 신호자 지명
- 작업장소, 출입금지장소 설정

다음과 같은 재해방지조치

1. 전도
2. 상부선회체에 끼임
3. 짐의 낙하
4. 가공전선에 감전

❖ 안전관리 포인트

☞ 1년 이내마다 1회 정기자체검사를 할 것(검사기록은 3년간 보존).

☞ 1개월 이내마다 1회 정기자체검사를 할 것(검사기록은 3년간 보존).

☞ 이동식 크레인을 사용하여 작업할 경우에는 다음의 운전자격을 지킬 것.
- 양중하중이 1t 미만 : 특별교육수료자(p.82 참조).
- 양중하중이 1t 이상 5t 미만 : 기능강습수료자(p.81 참조).
- 양중하중이 5t 이상 : 운전사면허취득자(p.84 참조).

9 짐 하부의 출입금지 범위

도 급 자

다음과 같이 짐 하부*에는 출입을 금지시킨다.

1. 버킷을 사용한 후크걸이
2. 끌어올리는 클립 1개를 사용한 후크걸이
3. 한 점으로 끌어올리는 후크걸이
4. 결속되지 않은 여러 개의 짐을 끌어올리는 경우
5. 자력 또는 음압에 의해 흡착시킨 경우
6. 동력 하강 외의 방법(자유하강)으로 하강시키는 경우

짐 하부의 출입금지 후크걸이작업의 예

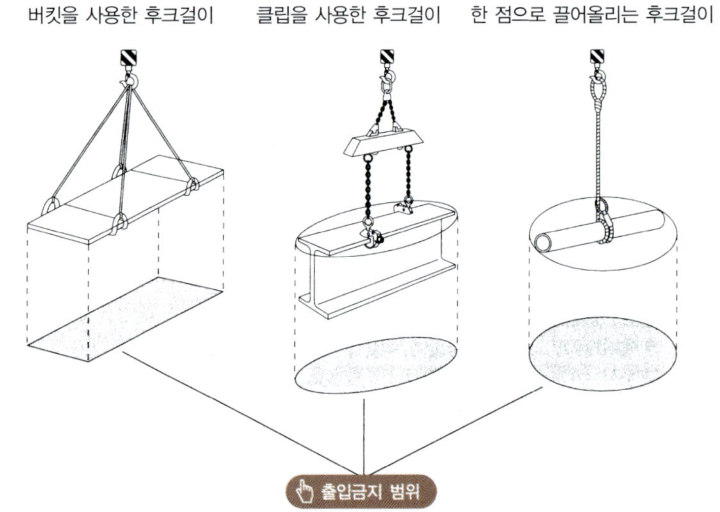

* 짐 하부 : 끌어올려지는 짐의 아랫부분으로, 짐이 아래로 떨어지거나 흔들려 또는 회전될 우려가 있는 경우의 직하를 말한다.

❖ 안전관리 포인트

☞ 위에서 언급한 1~6 항목 외의 후크걸이 방법에 대해서도 안전기준 제113조 출입금지 '물체의 낙하에 의한 위험방지' 에 따라 짐 하부에는 출입을 금지시킨다.

10 콘크리트 펌프차 작업

도 급 자

수송관 등의 탈락 및 진동방지 등

· 수송관을 이음철물을 이용하여 확실히 접속하고 견고한 건설물에 고정하여 탈락 및 진동을 방지할 것.
· 작업장치를 조작하는 자와 호스 선단부를 유지하는 자와의 연락을 확실하게 하기 위해 연락장치를 마련하고, 일정 신호를 정해서 신호하게 할 것
· 콘크리트 등의 흡출에 의해 작업자에게 위험이 생길 우려가 있는 곳은 출입을 금지시킬 것.
· 수송관 또는 호스가 막힌 수송관이나 호스를 자를 때에는 수송관 내부의 압력을 감소시킬 것.
· 세정볼을 이용하여 수송관 내부를 세정할 때에는 세정볼이 튀어오르는 것을 막기 위한 기구를 수송관 선단에 부착할 것.

작업지휘

· 수송관 등의 조립 또는 해체를 할 때에는 작업방법, 순서 등을 정해 작업자에게 이를 알리고, 작업지도자를 지명하여 직접 지휘하에 작업하도록 할 것.

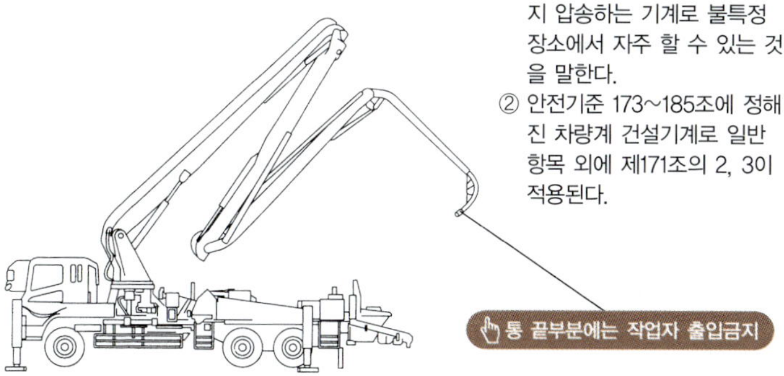

콘크리트 펌프차
① 생콘크리트를 트럭 애지테이터 등에서 받아 타설장소까지 압송하는 기계로 불특정 장소에서 자주 할 수 있는 것을 말한다.
② 안전기준 173~185조에 정해진 차량계 건설기계로 일반 항목 외에 제171조의 2, 3이 적용된다.

❖ 안전관리 포인트

☞ 콘크리트 펌프차 작업을 할 때에는 다음의 자격을 지킬 것
콘크리트 펌프차의 작업장치 조작 : 특별교육수료자(p.82 참조)

11 엘리베이터의 작업과 관리

도 급 자

제조의 허가
적재하중이 1t 이상(안위칙 제12조 특정기계 등)은 제조허가가 필요하다.

노동부장관이 정하는 규격 또는 안전장치를 구비해야 하는 기계 등

안전기준 100조

적재하중 0.25t 이상 1t 미만

완성검사 받을 경우의 조치
- 관할 노동기준감독서장의 검사를 받는다.
- 완성검사신청서를 제출하고 적재하중×1.2배의 하중을 곱해 승강시험을 한다.
- 검사에 입회한다.

엘리베이터 검사증
완성검사에 합격한 엘리베이터에 검사증을 교부한다.

검사증의 유효기간
유효기간 : 1년

검사증 비치

운전방법의 주지

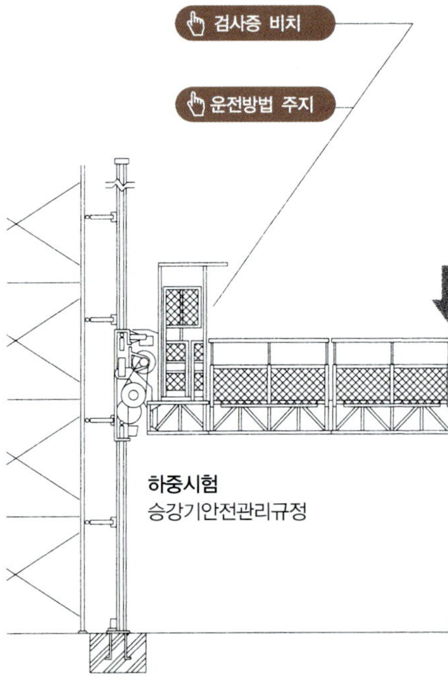

하중시험
승강기안전관리규정

❖ 안전관리 포인트

☞ 엘리베이터 설치신고 : 적재하중이 1t 이상인 경우 사업자는 명세서, 조립도, 구조부분의 강도계산서, 설치장소의 주변 상황, 옥외에 설치하는 엘리베이터의 기초 개요 및 버팀의 고정방법을 기재한 서면을 첨부하여 공사개시 30일 전까지 관할노동기준감독서장에게 제출한다.

☞ 엘리베이터 설치보고서 : 적재하중이 0.25t 이상 1t 미만인 경우 사업자는 관할노동기준감독서장에게 제출한다(설치기간 60일 미만은 제외).

도 급 자

안전장치 조정

과부하 제한

135조

폭풍시의 조치 · 점검

안전기준 143조, 145조, 160조, 162조

옥외에 설치한 엘리베이터의 경우
- 순간풍속 35m/s를 넘는 경우에는 도괴방지 조치
- 순간풍속 30m/s를 넘고 중진 이상의 지진 후에는 작업 전 점검을 한다.

하중시험

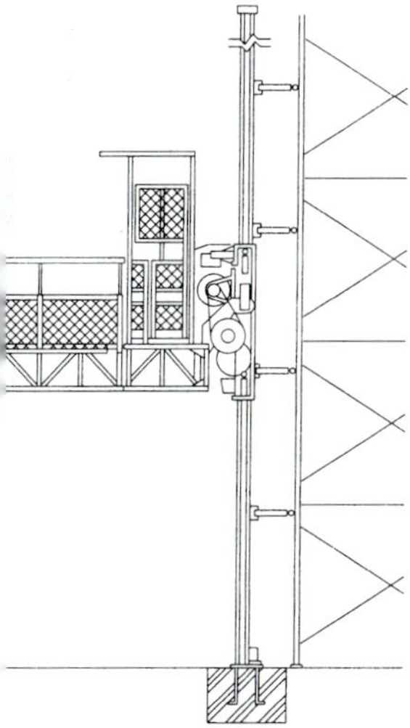

정기자체검사
- 1년 이내마다 1회 연차검사
- 1개월 이내마다 1회 월례검사

자체검사 등의 기록

자체검사, 점검의 결과를 기록하고 3년간 보존한다.

보수

이상이 발견된 경우에는 바로 보수한다.

❖ 안전관리 포인트

☞ 엘리베이터의 조립 · 해체 작업시 주의사항.

1. 작업지휘자를 선임하여 그의 지휘하에 작업을 실시하도록 할 것.
2. 출입금지 및 표시, 악천후 시에는 작업을 중지할 것.
3. 사업자는 작업지휘자에게 작업방법, 작업자 배치를 정하여 작업을 지휘하게 하고, 재료 · 기구 · 공구의 점검 및 안전대의 사용상황을 확인하게 할 것.

12 건설용 리프트의 작업과 관리

도 급 자

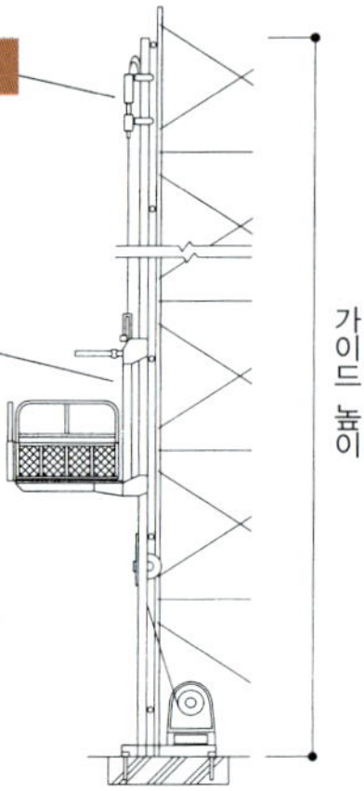

권과방지 안전기준 134조

완성검사를 받을 경우의 조치
완성검사신청서를 제출하고, 적재하중×1.2배의 하중을 곱해 승강시험을 한다.

검사증 비치

건설용 리프트 검사증
완성검사에 합격한 건설용 리프트에 검사증을 교부한다.

검사증의 유효기간
유효기간 : 설치에서 폐지까지의 기간

탑승 제한
안전기준 136조
수리 · 조정 · 점검 등의 작업 외에는 반기에 탑승금지

과부하 제한

피트를 청소할 경우의 조치
반기가 낙하되지 않도록 하는 조치

폭풍시의 조치
순간풍속 35m/s를 넘는 경우는 도괴방지조치를 한다.

출입금지
안전기준 137조
· 운반기구의 승강에 따른 위험 장소
· 권상용 와이어로프의 내각측

정기자체검사 · 기록
· 1개월 이내마다 1회 월례검사
· 작업개시 전 점검
· 폭풍(순간풍속 30m/s 이상) 및 중진 이상의 지진 후에 점검
· 자체검사 · 점검 결과를 기록하고, 3년간 보존

보수
이상이 발견된 경우는 즉시 보수

❖ 안전관리 포인트

☞ 가이드 높이 18m 이상(적재하중 0.25t 미만은 제외)은 건설용 리프트 설치신고를 관할노동기준감독서장에게 제출할 것.
☞ 적재하중이 0.25t (가이드 높이 10m 미만은 제외)은 특별교육수료자가 운전할 것 (p.82 참조)
☞ 운전자는 운반기구를 올린 채 운전위치를 벗어나지 말 것.
☞ 조립 · 해체 작업은 작업지휘자를 선임할 것(p.84 참조)

13 후크걸이용구 관리

후크걸이 와이어로프, 후크 등의 안전계수

와이어로프 : 6 이상
체인 : 5 이상
후크 · 샤클 : 5 이상

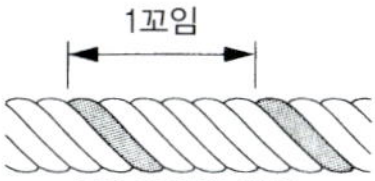

부적격 와이어로프의 사용 금지

1. 1꼬임 사이에서 소선 수의 10% 이상이 절단
2. 직경의 감소가 공칭경의 7%를 넘는 것
3. 킹크된 것
4. 모양이 심하게 망가진 것 또는 부식이 있는 것

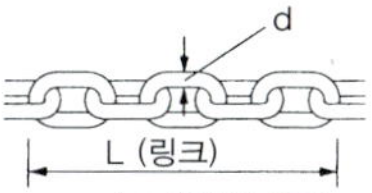

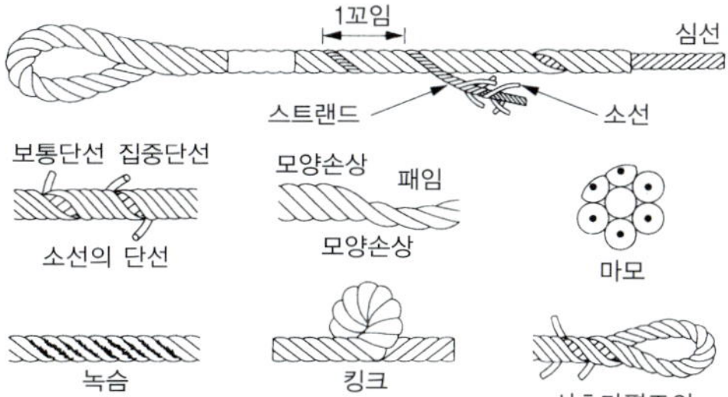

부적격 체인 사용금지

1. 늘어남이 제조시 길이의 5%를 넘는 것
2. 링크 단면의 직경 감소가 제조시 단면의 10%를 넘는 것
3. 균열이 있는 것

부적격 후크, 셔클 등의 사용금지

변형 · 균열이 있는 것

부적격 섬유로프 등의 사용금지

1. 스트랜드가 절단된 것.
2. 심한 손상 또는 부식이 있는 것.

사용범위 제한

체인블록, 매다는 클램프 등은 사용하중 등의 범위에서 사용할 것

작업개시 전 점검

❖ 안전관리 포인트

☞ 후크걸이 작업을 할 때에는 다음의 자격을 지킬 것
양중하중이 1t 이상인 크레인, 이동식 크레인 : 기능강습수료자
양중하중이 1t 미만인 크레인, 이동식 크레인 : 특별교육수료자(p.81, 82 참조)

14 곤돌라 작업과 관리

도 급 자

과부하 제한 : 적재하중 초과 사용 금지

조작 위치로부터 이탈 금지 : 사용시 조작 위치로부터 이탈 금지

조작 신호 : 신호를 정하고 신호자를 지명

악천후시의 작업 금지 : 강풍, 폭우, 대설시에는 작업중지

조명 : 필요한 조도를 유지할 것

정기자체검사 · 점검

· 1개월 이내마다 1회 검사하고, 검사기록은 3년간 보존
· 작업개시 전, 악천후 후에는 점검을 한다.

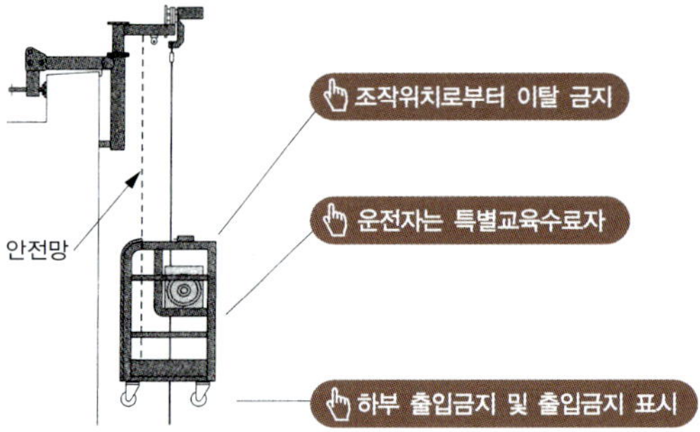

점검 확인

1. 와이어로프, 체결철물류의 손상, 부식 상태
2. 난간 등의 해체, 탈락 유무
3. 승강장치와 와이어로프의 접합부 상태, 라이프라인의 접합부 상태
4. 권과방지조치, 기타 안전장치, 브레이크 · 제어장치의 기능
5. 승강기의 바퀴제어 장치 기능
6. 와이어로프가 통해 있는 곳의 상태

❖ 안전관리 포인트

☞ 곤돌라 조작은 특별교육수료자가 할 것
☞ 적재하중 초과 사용 금지
☞ 게이지 내에서는 접사다리 사용 금지
☞ 게이지 내에서는 안전대를 사용하여 작업할 것
☞ 아래쪽에 출입금지 표시를 할 것

MEMO

6장 추락, 비래붕괴 관계

1 추락 등에 의한 위험 방지

도급자

작업대 설치 등 안전기준 439조
- 높이 2m 이상인 곳에서 추락의 위험이 있는 경우는 작업대를 설치한다.
- 작업대 설치가 어려운 경우에는 방호망을 대고 안전대를 사용한다.

안전대 등의 부착설비 등 안전기준 441조
- 높이 2m 이상인 곳에서 작업할 경우에는 안전대 부착설비 등을 설치할 것
- 안전대 및 그 부착은 설비 등의 이상 유무에 대해 수시로 점검할 것

악천후시의 작업금지 안전기준 442조
- 높이 2m 이상인 곳에서 작업할 경우, 악천후가 예상될 때에는 작업을 중지할 것

조도 유지 안전기준 443조

슬레이트 등 지붕 위의 위험방지
- 슬레이트, 목모판 등 지붕 위의 작업을 할 경우에는 폭 30cm 이상의 보행판을 설치하고 방호망을 대서 발이 빠지지 않도록 할 것

건축물 등의 조립, 해체 또는 변경작업 안전기준 448조
- 건축물, 교량, 비계 등의 조립, 해체 또는 변경작업은 작업지휘자를 지명하여 작업을 직접 지휘하도록 할 것

작업방법 및 순서를 작업원에게 알린다

작업원

작업대의 설치 등 안전기준 439조
- 높이 2m 이상인 작업대의 단부, 개구부 등에는 울타리, 난간, 덮개 등을 설치할 것. 어려운 경우에는 방호망을 대고 안전대를 사용할 것.

승강하기 위한 설비의 설치 등 안전기준 445조
- 높이 또는 깊이가 1.5m를 넘는 경우는 승강설비를 설치할 것. 또한 작업원은 이를 사용하여 승강할 것.

❖ 안전관리 포인트

☞ 높이 2m 이상인 곳에서 작업하는 경우는 다음 사항을 준수한다.
1. 작업대를 설치할 것
2. 안전대를 사용하고 방호망을 댈 것
3. 작업대의 단부, 개구부에는 울타리, 난간, 덮개 등을 설치할 것
4. 승강설비를 설치할 것(높이, 깊이가 1.5m를 넘는 경우)

2 비래붕괴에 의한 위험 방지

도급자

지반 붕괴 등에 의한 위험방지 안전기준 453조

· 지반을 안전한 구배로 하고 낙하의 우려가 있는 토석을 제거하며 옹벽, 흙막이 널 지보공 등을 설비할 것.

· 지반붕괴, 토석낙하의 원인이 되는 우수, 지하수 등을 제거할 것

높은 곳으로부터의 물체투하에 의한 위험방지 안전기준 455조

· 3m 이상 되는 높은 곳에서 물체를 투하하는 경우에는 적당한 투하설비를 마련하고 감시인을 둘 것. 투하설비를 마련하지 않았을 경우에는 3m 이상 되는 곳에서 물체를 투하해서는 안 된다.

물체의 낙하에 의한 위험방지 안전기준 452조

· 물체가 낙하함으로써 작업원에게 위험이 생길 경우에는 방호망설비를 마련하여 출입구역을 설정하는 등 위험방지 조치를 할 것.

물체의 비래에 의한 위험방지 안전기준 456조

· 물체가 비래함으로써 작업원에게 위험이 생길 경우에는 비래방지설비를 마련하고 보호구를 사용할 것.

안전모 착용 안전기준 461조

· 고층건축물 등의 상부에서 작업할 경우에는 물체의 비래, 낙하에 의한 위험을 방지하기 위해 안전모를 착용시키도록 할 것.

· 작업원은 안전모를 착용할 것.

❖ 안전관리 포인트

☞ 지반은 안전한 구배로 하고 낙하의 우려가 있는 토석을 제거하며, 옹벽이나 흙막이 널 지보공을 설치할 것.

☞ 고소(3m 이상)에서 물체를 투하할 경우에는 투하설비를 마련할 것.

☞ 물체가 낙하할 우려가 있는 장소에는 방호망 설비를 마련할 것.

☞ 물체가 비래할 우려가 있는 장소에서는 안전모를 착용할 것.

7장 비계 관계

1 이동식 사다리 작업

도 급 자

이동식 사다리

안전기준 446조

이동식 사다리는 다음의 조건에 적합한 것을 사용할 것.

1. 튼튼한 구조
2. 재료는 심한 손상이나 부식 등이 없을 것.
3. 폭은 30cm 이상
4. 미끄럼방지장치를 하고, 그 외 전위를 방지하기 위해 필요한 조치를 할 것.

해석 예규
'전위를 방지하기 위해 필요한 조치'에는 사다리 윗부분을 건축물 등에 부착하거나 다른 작업원이 사다리 아랫부분을 지지하는 등의 조치가 포함된다. 이동사다리는 원칙적으로 이어서 사용하는 것을 금지하고 어쩔 수 없이 이어서 사용할 경우에는 다음과 같이 할 것.
전체 길이는 9m 이하 · 이음이 겹침이음일 때에는 연결부에 1.5m 이상을 겹치게 하고, 2곳 이상에서 단단히 고정시킬 것. · 이음이 맞댐이음일 때에는 1.5m 이상의 첨목을 사용하여 4곳 이상에서 단단히 고정시킬 것.
· 이동사다리의 단은 25~35cm 이하의 범위에서 등간격으로 할 것.

사다리기둥

안전기준 447조

사다리기둥은 다음과 같이 적합한 것을 사용할 것.

1. 튼튼한 구조
2. 단은 등간격으로 할 것.
3. 단과 벽 사이에 적당한 간격을 유지할 것
4. 사다리의 전위를 방지하기 위해 필요한 조치를 할 것.
5. 돌출은 바닥에서 60cm 이상일 것.

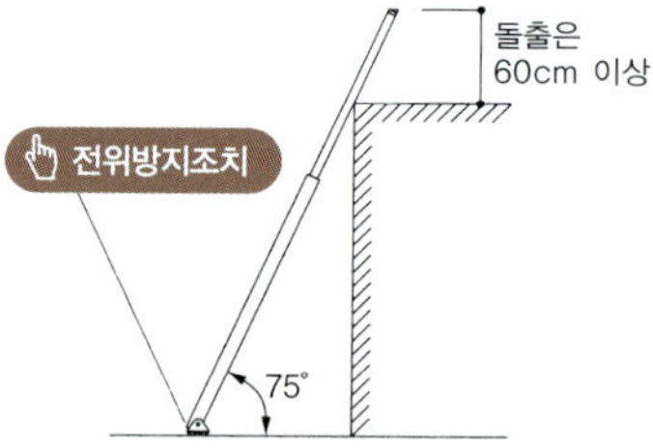

❖ 안전관리 포인트

☞ 이동식 사다리는 손상, 부식 등이 없는 것으로 하고 폭은 30cm 이상으로 할 것.
☞ 사다리는 미끄럼이나 전위를 방지하기 위한 조치를 할 것.
☞ 사다리기둥은 단을 등간격으로 하고 벽과 적당한 간격을 유지할 것.
☞ 사다리의 상단은 바닥에서 60cm 이상 돌출시킬 것.

2 접사다리 사용 작업

도 급 자

접사다리

안전기준 381조의 2

접사다리는 다음과 같은 적합한 것을 사용할 것
1. 튼튼한 구조
2. 재료는 심한 손상이나 부식 등이 없을 것
3. 다리와 평면과의 각도는 75° 이하이거나, 접이식인 경우는 다리와 수평면과의 각도를 확실히 유지하는 철물 등을 구비할 것
4. 디딤면은 작업을 안전하게 할 수 있도록 적당한 면적이 필요하다.

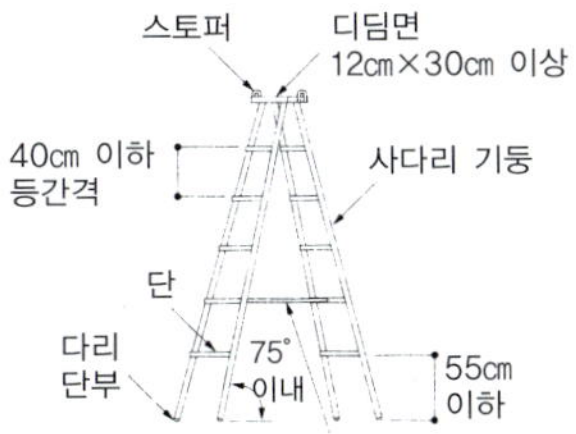

강제 접사다리의 예

접사다리 비계의 구성

안전기준 81조의 2

발판을 2장 겹쳐서 사용하는 경우는 2점지지 이상으로 한다.

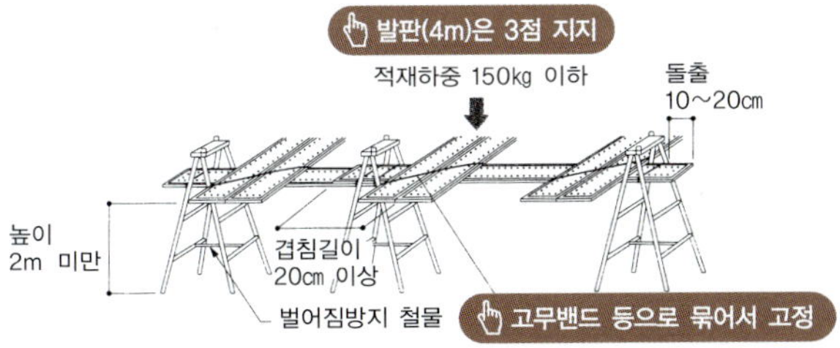

❖ 안전관리 포인트

- ☞ 접사다리는 튼튼한 구조로 손상이나 부식 등이 없는 것으로 할 것.
- ☞ 접사다리와 평면과의 각도는 75° 이하로 하고 벌어짐방지 철물 등을 구비할 것.
- ☞ 접사다리의 경우 발판(4m)은 3점 지지, 2장 겹쳐 사용하는 경우는 2점 지지 이상으로 하고 고무밴드 등으로 묶어서 고정할 것.
- ☞ 발판과 발판의 겹침은 20cm 이상으로 하고, 단부의 돌출은 10~20cm로 할 것.

3 비계 조립 등의 작업

도 급 자

비계 조립 등 작업주임자의 선임 안전기준 372조

달비계, 밖으로 낸 비계 또는 높이가 5m 이상인 구조의 비계 조립 · 해체 · 변경 작업

비계 조립 등 작업주임자의 직무

작업원에게 보호구 사용을 철저히 시킬 것!!

1. 재료에 결점이 있는지 점검하고, 불량품은 제거할 것
2. 기구, 공구, 안전대 및 안전모의 기능을 점검하고, 불량품은 제거할 것
3. 작업방법 및 작업원의 배치를 결정하고 작업진행상황을 감시할 것

비계 조립 등의 작업 안전기준 372조

1. 조립 · 해체 또는 변경시기, 범위 및 순서를 작업원에게 알릴 것.
2. 작업구역 내에는 관계자 외 출입을 금지시킬 것.
3. 악천후시에는 작업을 중지시킬 것.
4. 비계의 고정, 해체, 수수 등의 작업시에는 폭 20cm 이상의 발판을 설치하고 안전대를 사용하게 하는 등의 추락방지 조치를 강구할 것.
5. 재료, 기구, 공구 등을 끌어올리거나 내릴 때에는 망이나 주머니 등을 사용할 것.

점검 안전기준 374조

악천후 또는 중진 이상의 지진이나 비계의 조립, 일부해체 내지 변경 후에는 비계에서 작업을 시작하기 전에 다음의 사항을 점검하여 이상이 발견된 경우는 즉시 보수할 것

1. 바닥재의 손상, 부착 및 건너지름의 상태
2. 비계기둥, 천, 완목 등의 고정부, 연결부 및 부착부가 느슨해졌는지의 상태
3. 긴결철물 등의 손상 및 부식상태
4. 난간 등의 해체 및 탈락 유무
5. 다리 부분의 침하 및 활동 상태
6. 지주, 돌길이, 벽이음 등의 보강재 부착상태 및 해체 유무 등

달비계 점검 안전기준 380조

작업시작 전에 동조 567조의 사항 등을 점검하여 이상이 발견된 경우는 즉시 보수할 것.

❖ 안전관리 포인트

- ☞ 달비계, 밖으로 낸 비계, 높이 5m 이상인 구조의 비계 조립 · 해체 · 변경 작업에 대해서는 비계 조립 등 작업주임자를 선임할 것.
- ☞ 비계 조립 등의 작업에 대해서는 범위 및 순서를 작업원에게 알리고, 작업구역에는 작업관계자 외 출입을 금지시킬 것.
- ☞ 비계 조립 등의 작업에서 작업원은 안전대를 사용할 것.
- ☞ 악천후나 중진 이상의 지진 후, 비계에서 작업을 시작하기 전에는 점검을 할 것.

4 비계 작업대의 관리

도 급 자

작업대

안전기준 371조

높이 2m 이상인 작업장소에는 다음에 정한 바에 의해 작업대를 마련할 것

1. 표준발판을 사용하는 경우

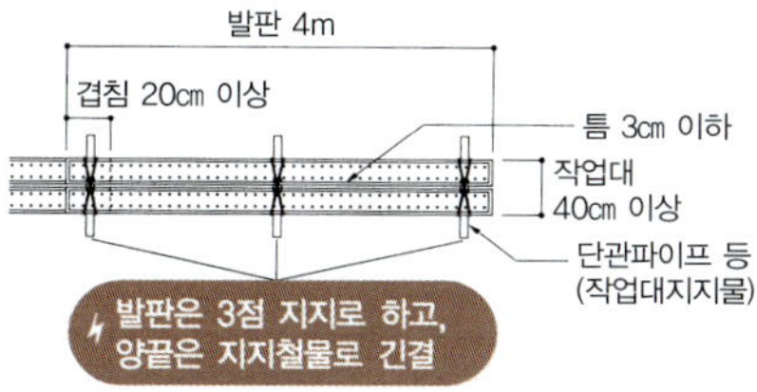

2. 철제작업발판을 사용하는 경우

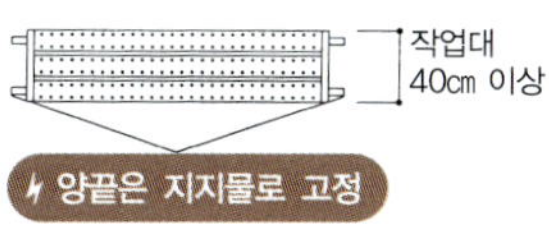

3. 작업대의 난간

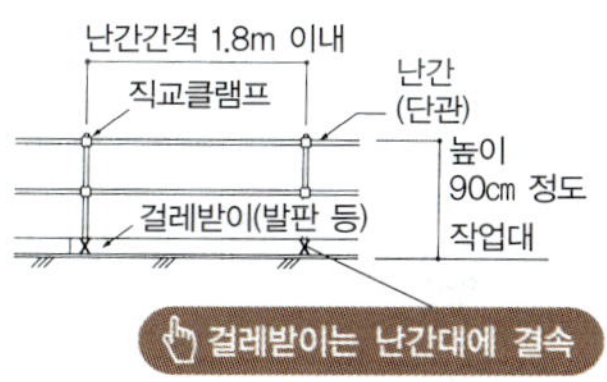

최대적재하중

안전기준 370조

비계의 구조 및 재료에 따라 작업대의 최대적재하중을 정하고, 이를 초과하여 적재하지 않는다. 또한 이같은 사실을 알리는 표시를 할 것.

철제작업발판의 적재하중

$w(\text{kg}) = W(\text{mm}) \times 1/2$

❖ 안전관리 포인트

- ☞ 높이 2m 이상인 작업장소에서는 작업대의 폭을 40cm 이상, 틈은 3cm 이하로 할 것.
- ☞ 난간의 높이는 바닥면에서 75cm 이상으로 할 것(90cm 정도가 바람직함).

5 단관쌍줄비계

도급자

강관비계 안전기준 369조, 377조, 378조

단관쌍줄비계란 현장에서 단관을 조인트 및 클램프 등을 사용하여 통나무비계와 유사한 구조로 만든 비계를 말한다.

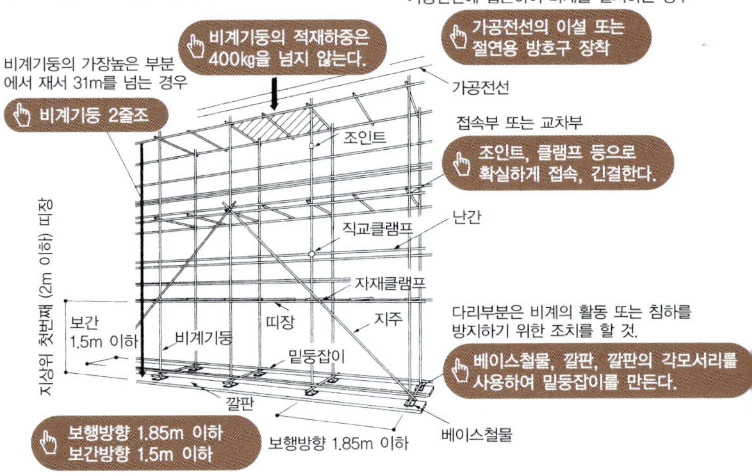

최대적재하중 · 표시

안전기준 제370조

강관규격에 적합한 강관비계

안전기준 제369조

1. 비계기둥의 간격은 보행방향 1.85m 이하, 보간방향 1.5m 이하로 한다.
2. 지상의 첫 번째 띠장은 2m 이하로 한다.
3. 비계기둥의 가장 높은부분에서 재어 31m를 넘는 부분의 비계기둥은 단관을 2줄로 한다.
4. 비계기둥의 적재하중은 400kg을 초과하지 않는다.

벽이음간격

강관비계의 종류	간격(mm)	
	수직하중	수평방향
단관비계	5 이하	5.5 이하

❖ 안전관리 포인트

☞ 다리부분은 베이스, 깔판 등을 이용하여 밑둥잡이를 만들어 활동 및 침하를 방지할 것.
☞ 지상의 첫 번째 띠장은 2m 이하로 설치할 것.
☞ 비계기둥의 맨 뒷부분에서 재어 31m를 넘는 부분의 비계기둥은 단관을 2줄로 할 것.

6 틀조립비계

사 업 자

강관비계 안전기준 379조의 2

틀조립비계란 강관을 미리 주재료로 하여 일정 모양으로 제작한 틀을 현장에서 특수한 부속철물이나 부속품을 사용하여 조립하는 비계를 말한다.

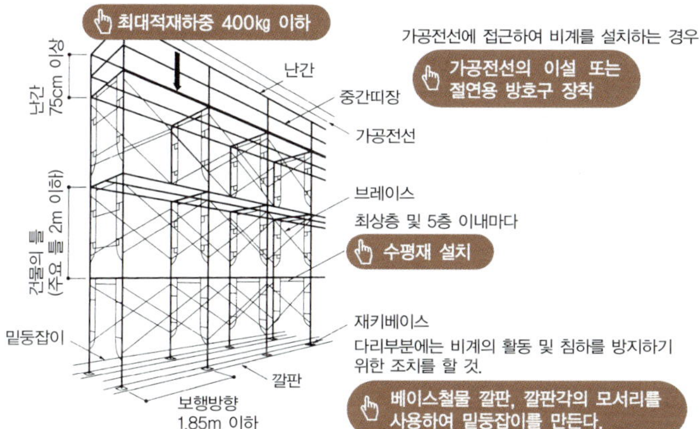

최대적재하중 · 표시

안전기준 370조

강관규격에 적합한 강관비계

안전기준 378조

5. 최상층 및 5층 이내마다 수평재*를 설치한다.
6. 비계기둥간의 적재하중은 400kg을 초과해서는 안 된다.

※수평재 : 천틀(강판천틀 포함)은 수평재로 간주함.

7. 사용할 주요 틀은 높이 2m 이하의 것으로 하고 간격은 1.85m 이하로 한다.

벽이음간격

강관비계의 종류	간격(mm)	
	수직방향	수평방향
틀조립비계 (높이 5m 미만인 것은 제외)	9 이하	8 이하

❖ 안전관리 포인트

☞ 다리부분은 베이스, 깔판 등을 이용하여 밑둥잡이를 만들어 활동이나 침하가 일어나지 않도록 조치할 것

☞ 비계의 구조 및 재료에 따라 작업대의 최대적재하중을 정하고, 이를 초과하여 적재하지 말 것(강제띠장판의 적재하중→p.49 참조)

☞ 최대하중 400kg은 현장주요자재 수량으로 표시하여 작업자가 습득토록 할 것

7 브라켓 장착 일측 · 단관비계

도 급 자

브라켓 장착 일측비계

브라켓 장착 일측비계란 비계기둥, 작업발판, 긴결철물, 이음철물, 브라켓, 베이스철물, 벽이음철물 등으로 조립된 비계를 말한다.

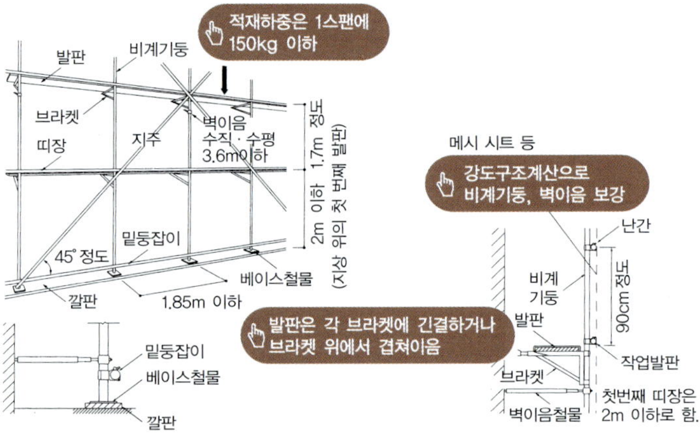

단관비계 안전기준 제570조, 제571조

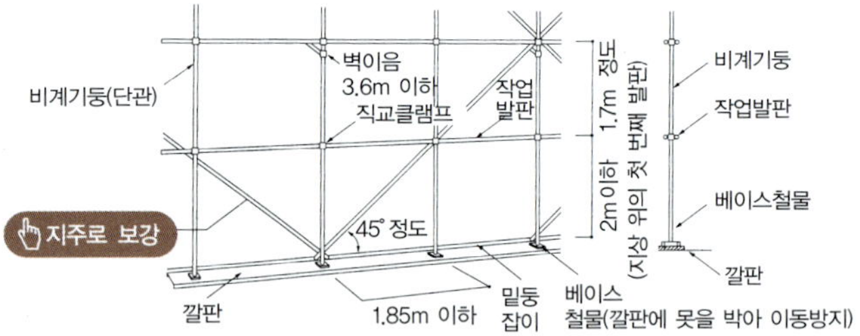

❖ 안전관리 포인트

- 적재하중은 1스팬 150kg 이하로 할 것.
- 비계기둥 간격은 1.85m 이하로 하고, 지상으로부터 첫 번째 띠장은 2m 이하로 할 것.
- 벽이음 간격은 수평방향 모두 3.6m 이하로 할 것.
- 단관비계의 경우 높이가 어쩔 수 없이 15m를 넘어 사용하는 경우는 상부에서 비계기둥을 보강(2줄)할 것.

8 달비계의 구성

도 급 자

달비계 380조

1. 불량품, 양중용 와이어로프, 양중용 강선, 양중용 섬유줄, 양중용 체인의 사용금지
2. 양중용 와이어로프 등은 한쪽 끝을 비계도리나 스터럽 등에 다른쪽 끝은 돌량, 앵커볼트, 건축물의 보 등에 각각 확실하게 부착할 것.
3. 바닥재는 전위 또는 탈락되지 않도록 비계도리, 스터럽 등에 부착할 것.

☞ 기타 주의사항에 대해서는 '안전관리 포인트'를 참조한다.

달비계의 양중방법

작업금지 안전기준 381조 달비계 위에서 접사다리나 사다리 등은 사용을 금지한다.

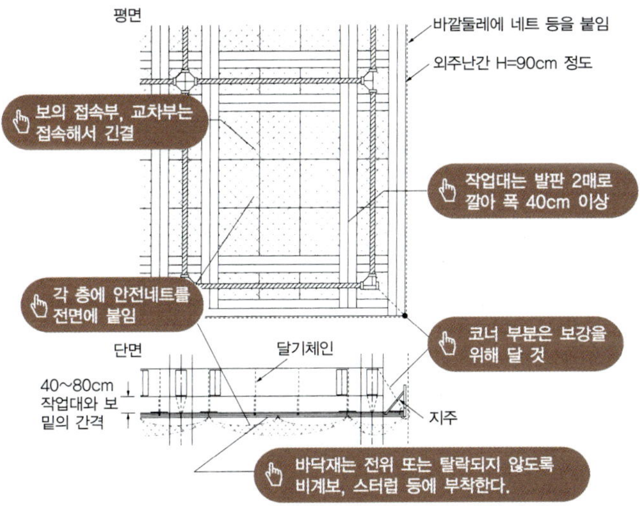

❖ 안전관리 포인트

☞ 불량품 달기체인 등은 사용하지 말 것.
☞ 작업대는 40cm 이상으로 하고 틈이 생기지 않도록 할 것.
☞ 바닥재는 전위 또는 탈락되지 않도록 굴림 파이프 등에 부착할 것.
☞ 중심파이프, 굴림파이프 등의 접속부와 교차부는 철선, 이음철물 또는 클램프 등으로 확실하게 접속하여 긴결할 것.
☞ 달비계 위에서 접사다리나 사다리 등은 사용을 금지할 것.

9 작업구대의 작업

도 급 자

재료 등

작업구대란 가설지주 및 작업대 등에 의해 구성되며, 재료나 가설기재의 집적 또는 건설기계 등의 설치 및 이동을 목적으로 하는 높이 2m 이상의 설비를 말한다.

작업구대 조립 등의 작업

1. 작업구대의 조립, 해체 또는 변경작업을 할 때에는 시기, 범위 및 순서를 관계자에게 알린다.
2. 작업구역 내에는 관계자 외에 출입을 금지시킨다.
3. 악천후*로 인해 위험이 예상될 때에는 작업을 중지시킨다.
4. 재료, 기구, 공구 등을 오르내릴 때에는 달기 망이나 달기 주머니 등을 사용한다.

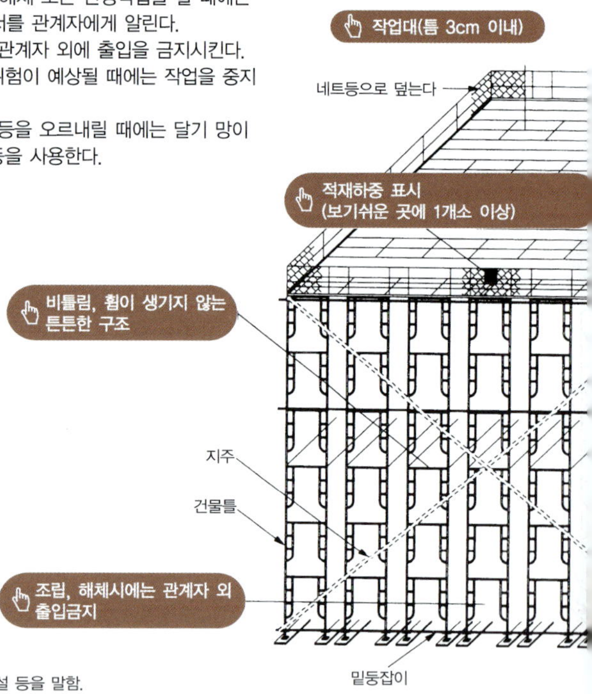

*악천후 : 강풍, 폭우, 대설 등을 말함.

❖ 안전관리 포인트

☞ 주요 강재는 JIS 규격에 적합한 것이지만 동등 이상의 것을 사용할 것.
☞ 사용할 재료에 대해서는 손상, 변형, 부식 등이 있는 것은 사용하지 말 것.
☞ 작업대의 최대적재하중을 정하고 작업원에게 이를 알릴 것.
☞ 조립도를 작성하고 이를 기준으로 조립할 것.
☞ 조립도에는 부재의 배치 및 치수를 기입할 것.

도 급 자

작업구대에 관한 조치

높이 2m 이상의 작업대 끝에서 추락 위험이 있는 곳은 75cm 이상의 튼튼한 난간으로 하고 재료는 심한 손상이나 부식 등이 없어야 한다.

작업의 성질상 난간을 설치하기 어렵거나 해체할 경우에는 네트를 대고 작업원에게 안전대를 사용하도록 한다.

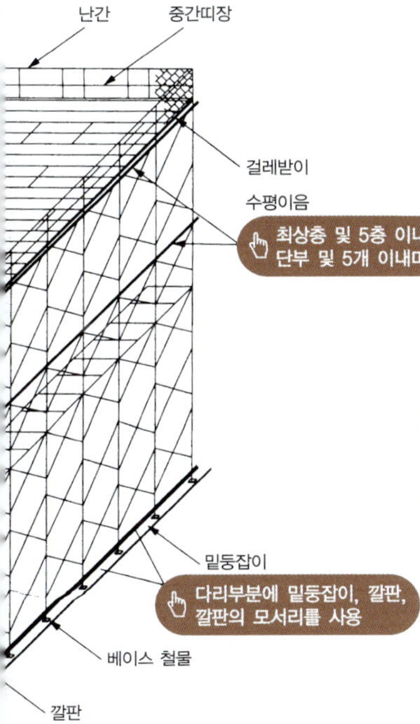

구조

최대적재하중

조립도

점검

악천후*나 중진 이상의 지진 또는 조립, 일부 해체 및 변경 후에 작업구대에서 작업할 경우에는 작업 개시 전에 다음과 같이 점검하여 이상이 발견되면 즉시 보수한다.

- 지주의 활동 및 침하상태
- 지주, 보 등의 손상 유무
- 바닥재의 손상, 부착 및 건너댐 상태
- 지주, 보, 버팀대 등의 긴결부, 접속부 및 부착부의 느슨함 정도
- 긴결재 및 긴결철물의 손상이나 부식상태
- 수평이음, 버팀대 등의 보강재, 난간 등의 부착상태, 해체 및 탈락 유무

❖ 안전관리 포인트

☞ 지주는 활동 및 침하를 방지하기 위해 밑둥잡이, 깔판, 깔판의 모서리 등을 사용할 것.
☞ 작업대의 틈은 3cm 이하로 할 것.
☞ 높이 2m 이상의 작업대 끝에는 높이 75cm 이상의 난간을 설치할 것.
☞ 작업구대의 조립, 해체 등의 작업을 할 때에는 작업구역 내 출입을 금지할 것.
☞ 악천후, 중진 이상의 지진 후에는 작업시작 전에 점검을 할 것.

8장 굴삭 · 철골조립 관계

1 굴삭작업

도 급 자

작업장소 등의 조사

안전기준 382조

지반의 굴삭작업을 할 때에는 작업장소, 주변에 대해 다음과 같은 사항을 조사하고, 그 조사결과에 맞는 굴삭시기 및 순서를 정해 작업한다.

1. 형상, 지질, 지층의 상태
2. 균열, 함수, 용수 및 동결의 유무와 상태
3. 매설물 등의 유무와 상태
4. 고온가스 및 증기의 유무와 상태

지반 붕괴 등에 의한 위험방지

안전기준 386조

굴삭작업을 할 경우 지반붕괴, 토석 낙하에 의한 위험을 방지하기 위해 지보공, 방호망을 설치하고 출입금지 조치를 한다.

매설물 등에 의한 위험방지

안전기준 387조

매설물 등(벽돌벽, 콘크리트 블록담, 옹벽 등)의 손괴에 의한 위험방지 조치를 한다.

조도(照度) 유지

안전기준 제367조

작업장소에서는 필요한 조도를 유지한다.

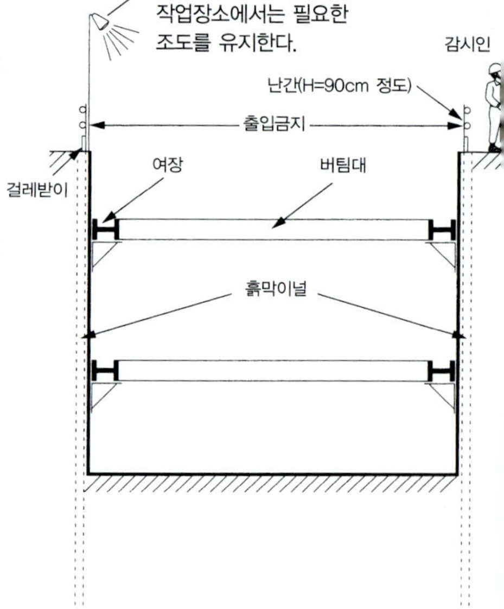

❖ 안전관리 포인트

☞ 굴삭작업을 하기 전에 작업장소 및 주변에 대하여 조사할 것.
☞ 작업장소 및 그 주변의 지반에 대해 작업시작 전, 폭우, 중진 이상의 지진 후 점검자를 지명하여 점검할 것.

도 급 자

지반 굴삭작업 주임자의 선임
굴삭면의 높이가 2m 이상인 굴삭작업
· 지반 굴삭작업 주임자는 기능강습 수료자 중에서 선임한다.

지반 굴삭작업 주임자의 직무
1. 작업방법을 결정하여 작업을 직접 지휘
2. 기구 및 공구의 점검, 불량품 제거
3. 안전대, 안전모의 사용 상황 감시

안전모 착용
굴삭작업을 할 때 작업원은 안전모를 착용한다.

점검
작업장소 및 그 주변의 지반에 대하여 점검자를 지명하여 일일작업을 시작하기 전과 폭우, 중진 이상의 지진 후를 점검하게 한다.

유도자 배치
안전기준 390조

굴삭작업장소에서 운반, 굴삭, 짐싣기 기계 등이 후진하여 작업원의 작업장소에 근접할 때 또는 전락할 우려가 있을 때에는 유도자를 배치하여 기계를 유도한다.

굴삭기계 등의 사용금지
안전기준 388조

가스도관, 지중전선로 등 지하공작물이 손괴될 우려가 있을 때에는 굴삭기계의 사용을 금지한다.

운반기계 등의 운행 경로 등
안전기준 389조

굴삭할 운반기계, 굴삭기계, 짐싣기 기계의 운행경로, 하적장소로의 출입 방법 등을 정하여 관계작업원에게 알린다.

❖ 안전관리 포인트
☞ 굴삭면의 높이가 2m 이상인 굴삭작업에 대해서는 지반 굴삭작업 주임자 기능강습 수료자 중에서 지반 굴삭작업 주임자를 선임한다(p.81, 83 참조).

2 굴삭면의 구배기준

굴삭면의 구배기준 안전기준 383조 별표 6

손파기*1 굴삭(굴삭면에 깊이가 2m 이상인 수평한 단이 있는 경우에는 각 단의 굴삭면에 대해서 적용)의 경우

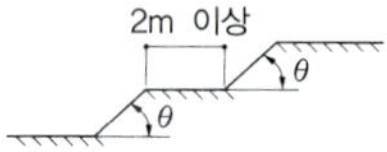

θ : 다음 1~3의 각 굴삭 구배를 나타냄.

1. 암반 또는 굳은 점토*2로 이루어진 지반 및 기타 지반의 경우
   (암반 또는 굳은 점토)

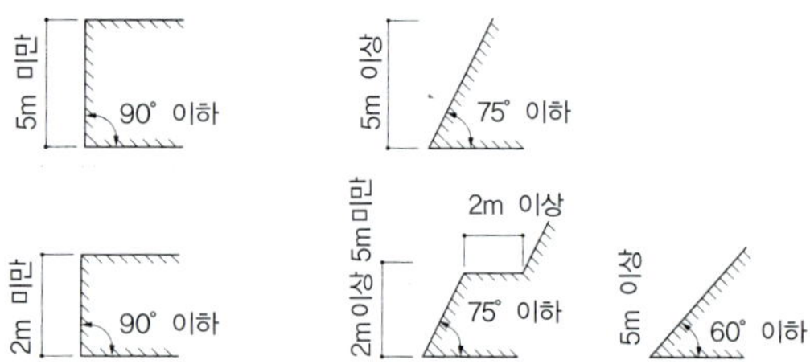

2. 모래로 이루어진 지반 또는 붕괴되기 쉬운 상태의 지반
   (모래로 이루어진 지반)

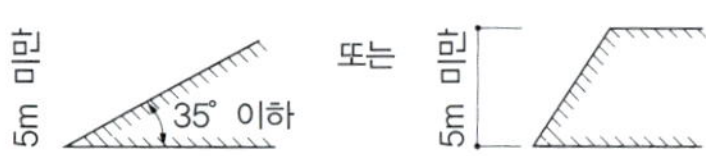

3. 굴삭면에 경사가 다른 부분이 있는 경우

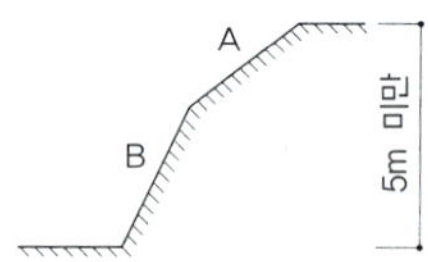

A, B 각 부분이 각각 위에서 언급한 1 및 2의 기준을 만족시키는 것.

*1 손파기 : 파워쇼벨, 트랙터 쇼벨 등의 굴삭기계를 이용하지 않고 하는 굴삭 방법
*2 굳은 점토 : N값이 8° 이상인 점토

❖ 안전관리 포인트

☞ 일반표시의 구배와 각도의 환산표

구배		경사각	구배		경사각
0	값	90°	0.7	7분	55°
0.1	1분	84°10'	0.9	9분	48°
0.2	2분	78°40'	1.0	1할	45°
0.3	3분	73°23'	1.2	1할 2분	39°50'
0.4	4분	68°10'	1.5	1할 5분	33°40'
0.5	5분	63°30'	2.0	2할	26°30'

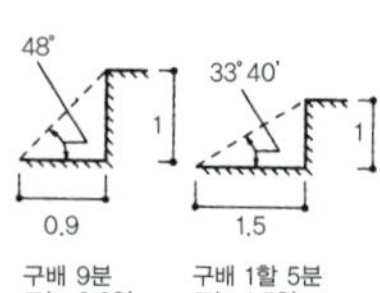

3 흙막이널 지보공 작업

도 급 자

버팀대 등의 작업

· 관계자 외에 출입금지 조치
· 재료, 공구 등을 오르내릴 때 달대망, 달대주머니를 사용하게 한다.

조립도

· 흙막이널 지보공을 조립할 경우에는 조립도를 작성하여 그대로 조립할 것.
· 부재의 배치, 치수 및 재료의 부착시기와 순서를 표시한다.

점검

· 점검시기 1. 지보공 설치 후 7일을 넘지 않는 기간
2. 중진 이상의 지진 후
3. 폭우 등에 의해 지반이 급격히 약해질 우려가 있는 경우
· 점검항목 1. 부재의 손상, 변형, 부식, 변위, 탈락의 유무 및 상태
2. 버팀대의 조임압력 정도
3. 부재의 접속부, 부착부 및 교차부의 상태

흙막이지보공 작업 주임자의 선임

버팀대 또는 여장의 부착 및 해체작업을 할 경우에 흙막이지보공은 흙막이지보공작업 주임자 기능강습 수료자로 선임한다.

작업주임자

흙막이지보공 작업 주임자의 직무

1. 작업 방법을 결정하여 작업을 직접 지휘
2. 재료의 결점 유무 및 기구와 공구를 점검하여 불량품을 제거
3. 안전대 및 안전모의 사용상황 감시

작 업 원

❖ 안전관리 포인트

☞ 흙막이널지보공을 조립할 경우에는 조립도를 작성하여 이를 기준으로 조립할 것.
☞ 흙막이지보공 작업 주임자를 흙막이지보공 작업 주임자 기능강습 수료자에서 선임할 것(p.81, 83 참조).
☞ 지보공 설치 후 7일 이내, 중진 이상의 지진 후, 폭우 후에는 점검할 것.

4 철골조립 등의 작업

도 급 자

작업계획

철골조립 등의 작업을 할 경우에는 작업계획을 미리 정한다.

1. 작업 방법 및 순서
2. 부재의 낙하 및 부재에 의해 구성되어 있는 것의 도괴방지 방법
3. 작업에 종사하는 작업원의 추락에 의한 위험을 방지하기 위한 설비설치 방법

건축물 등의 철골조립 작업

1. 작업을 할 구역 내에는 관계자 외 출입을 금지하도록 조치한다.
2. 강풍, 폭우, 대설 등의 악천후로 인해 작업 실시에 위험이 예상될 경우에는 작업을 중지한다.
3. 재료, 기구, 공구 등을 오르내릴 때에는 달대망, 달대 주머니를 사용한다.

건축물 등의 철골조립 작업 주임자 선임

건축물의 골조 또는 탑에서 금속제 부재에 의해 구성되는 것(높이 5m 이상)의 조립해체, 변경 작업을 할 경우에는 건축물 등의 철골조립 작업주임자를 건축물 등의 철골조립 작업주임자 기능강습 수료자에서 선임한다.

작업주임자

건축물 등 철골조립 작업 주임자의 직무

1. 작업 방법 및 작업원의 배치를 결정하여 작업과 직접 지휘한다.
2. 기구, 공구, 안전대 및 안전모의 기능을 점검하여 불량품을 제거한다.
3. 안전대 및 안전모의 사용 상황을 감시한다.

작 업 원

❖ 안전관리 포인트

☞ 철골조립 등의 작업을 할 때에는 사전에 작업계획도를 작성할 것.

☞ 작업을 할 때에는 작업 주임자를 선임하여 작업 주임자의 지휘하에 작업계획도를 기준으로 하여 작업할 것.

☞ 작업구역 내에는 관계자 외 출입을 금지시키고 강풍, 폭우, 대설 등의 악천후가 예상될 경우에는 작업을 중지시킬 것.

MEMO

9장 거푸집지보공 관계

1 거푸집지보공 작업

도 급 자

양도 등의 제한

규격에 적합하고 잘 정비된 물건을 양도, 대여 또는 사용한다.

계획 작성

주문자가 강구해야 할 조치

기준에 적합한 물건을 사용하게 한다.

조립도

- 거푸집지보공을 조립할 때에는 조립도를 작성한다.
- 지주, 보, 이음 등의 부재의 배치, 접합방법 및 치수를 기입한다.
- 설계하중과 재료의 허용응력치를 확인한다.
- 조립도를 기준으로 하여 조립한다.

거푸집지보공 작업 주임자의 선임

거푸집지보공의 조립작업

- 관계자 외 출입금지
- 악천후시에는 작업중지
- 재료, 기구를 오르내릴 때 달대 망, 달대 주머니 등을 사용

거푸집지보공 조립 등 작업 주임자의 직무

- 작업 방법을 결정하고, 작업을 직접 지휘
- 재료의 결함 유무, 기구 · 공구를 점검하여 불량품을 제거
- 안전대, 안전모의 사용상황을 감시

콘크리트 타설작업

- 콘크리트 타설 전에 점검하여 이상이 발견되면 즉시 보수
- 이상이 발견된 경우에는 타설 작업을 중지하기 위한 조치를 강구해둔다.

거푸집지보공의 해체작업

❖ 안전관리 포인트

☞ 거푸집지보공 조립시에는 다음의 사항을 지킬 것

1. 작업조립도 작성
2. 작업 주임자 선임
3. 관계자 외 출입금지
4. 콘크리트 타설 전 점검

2 거푸집지보공(파이프 서포트 · 단관)

도 급 자

파이프 서포트

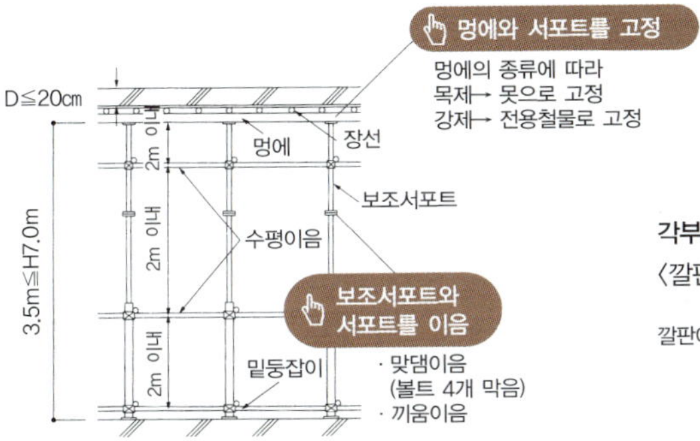

각부의 활동방지조치

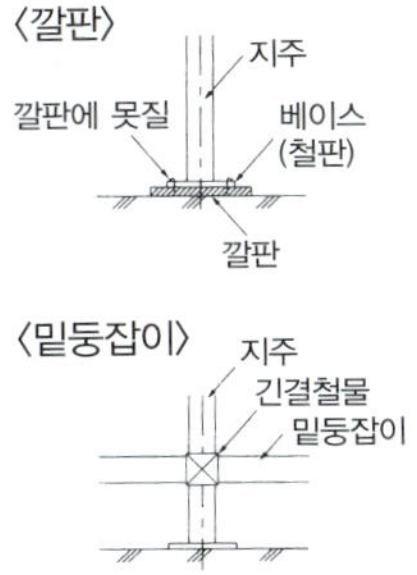

단 관

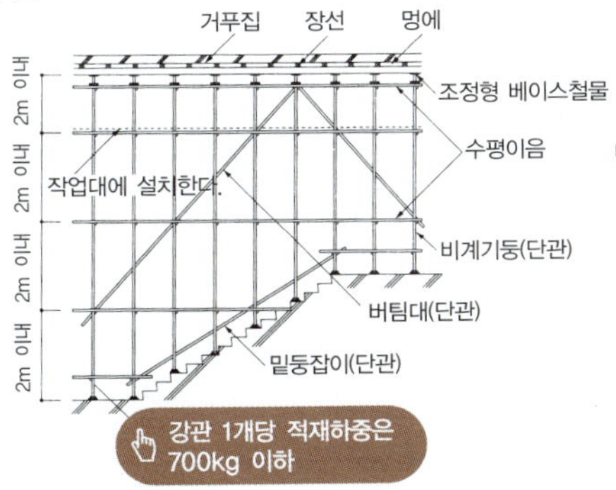

단상의 거푸집지보공

- 깔판, 깔판의 모서리 등을 2단 이상 끼우지 않는다.
- 깔판, 깔판의 모서리 등을 이을 경우에는 긴결
- 지주는 깔판, 깔판의 모서리 등에 고정한다.

❖ 안전관리 포인트

- ☞ 설계중량 : 바닥, 보 등의 중량 + 거푸집 관계 중량 +150kg/㎡
- ☞ 멍에와 지주는 긴결할 것.
- ☞ 서포트는 3개 이상 잇지 않으며, 이을 경우에는 끼움을 맞댐이음으로 할 것.
- ☞ 각부의 침하 및 활동을 방지하기 위한 조치를 할 것.
- ☞ 수평이음은 높이 2m 이내마다 넣을 것.
- ☞ 위험개소일수록 시스템서포트 골조를 이용할 것.

3 거푸집지보공(강관틀)

도 급 자

조립도 거푸집지보공에 대하여

평면도

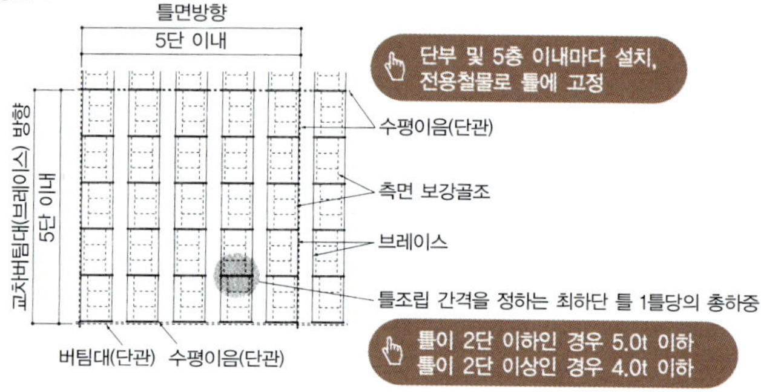

입면도

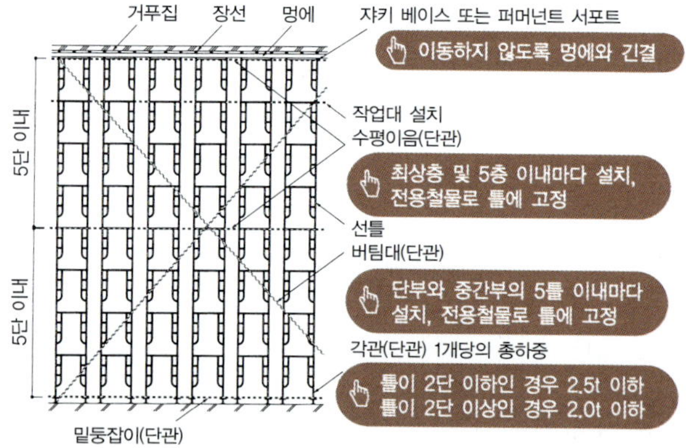

❖ 안전관리 포인트

- 각부의 고정, 밑둥잡이 등에 활동방지 조치를 할 것.
- 깔판의 모서리 사용, 콘크리트 타설 등으로 침하를 방지할 것.
- 지주의 이음은 끼움(조인트 철물) 이음으로 할 것.
- 강재와 강재의 접합, 교차부는 클램프 등의 철물로 긴결할 것.
- 상단에 설계하중의 2.5%에 상당하는 수평력을 부담시킬 것.

4 거푸집지보공(조립 강기둥)

도 급 자

조립 강기둥이란 강관, 형강 등을 주요 재료로 하여 미리 일정한 형태로 제작하여 현장에서 이어 지주로 사용하는 것을 말한다.

조립도 거푸집지보공에 대하여

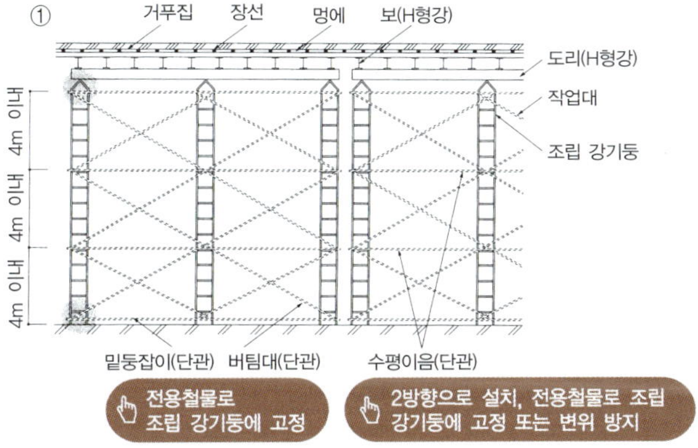

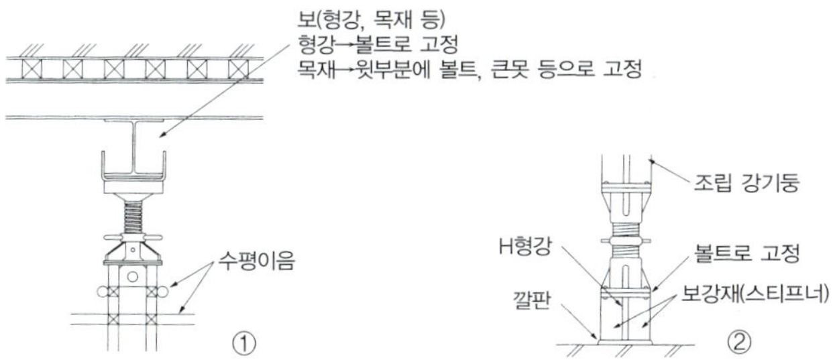

❖ 안전관리 포인트

- ☞ 상단에 설계하중의 5%에 상당하는 수평력을 부담시킬 것
- ☞ 보 또는 멍에를 상단에 배치할 때에는 상단에 강제 단판을 부착하고, 이를 보나 멍에에 고정할 것(H형강 지주도 동일).
- ☞ H형강, I형강을 빼서 깔판 모서리 등의 수평재로 사용할 경우, 그 접속 부위에 집중하중이 작용하여 단면이 변형될 우려가 있을 때에는 접합할 곳에 보강재를 댈 것.

5 거푸집지보공(보)

도 급 자

조립도 거푸집지보공에 대하여

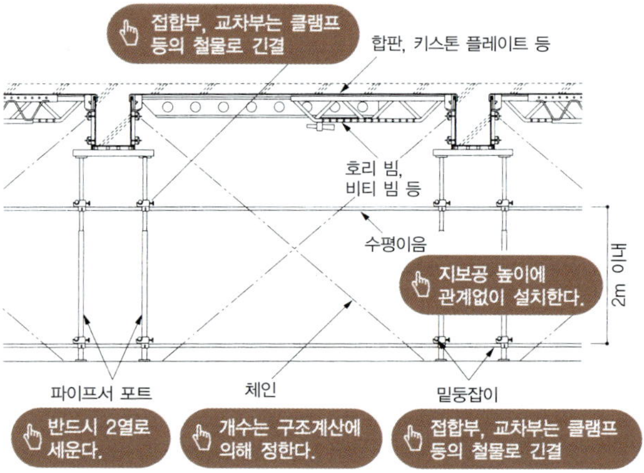

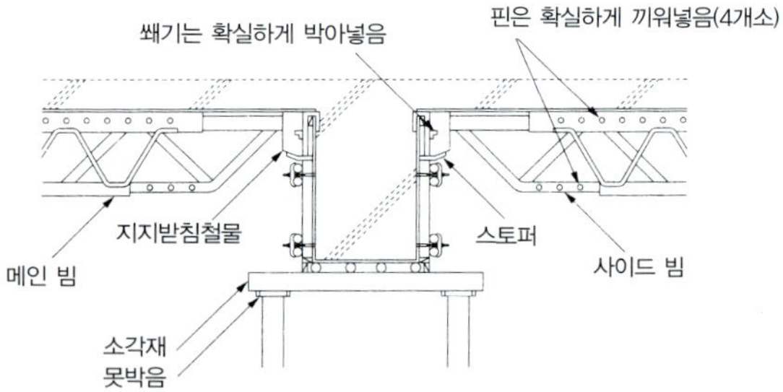

❖ 안전관리 포인트

☞ 상단에 설계하중의 5%에 상당하는 수평력을 부담시킬 것.
☞ 보의 양끝을 지지물로 고정하여 보의 활동 및 탈락을 방지할 것.
☞ 보와 보 사이는 이음 설치를 하여 보가 옆으로 쓰러지는 일이 없도록 방지할 것.

MEMO

10장 가스, 전기 관계

1 가스용접 작업

도 급 자

가스 등의 용기 취급

· 환기가 불충분하고, 화기를 사용하는 위험물 등의 취급장소와 그 부근에는 용기를 설치 · 저장 · 방치하지 않는다.
· 용기의 온도는 40℃ 이하로 유지한다(용기의 표면온도).
· 전도를 방지하고, 운반시에는 캡을 씌운다.
· 사용시에는 용기의 마개에 붙어 있는 유류 및 진애를 제거한다.
· 충격을 피하고 밸브를 개폐할 때에는 조심해서 한다.
· 용해 아세틸렌 용기는 세워 놓는다.
· 사용 전이거나 사용중인 용기는 다른 용기와 확실하게 구별되도록 한다.

호흡용 보호구 등

· 유해물질이 발생하거나 유해한 광선을 받을 경우 가스의 발산, 다량의 고열 등에 접할 경우에는 보호의(衣), 보안경, 보호마스크를 사용한다.

가스용접 작업 주임자 선임

· 아세틸렌 용접장치, 가스집합용접장치를 사용하는 금속용접, 용단, 가열작업에 대해서는 작업 주임자를 선임한다.

작 업 원

통풍이 불충분한 장소에서 가스용접 등의 작업

· 호스 및 취관은 손상, 마찰 등에 의해 가스가 새지 않는 것을 사용한다.
· 호스와 취관, 호스끼리의 접속부분은 호스밴드, 호스클립 등의 조임철물로 확실하게 조인다.
· 호스에 가스 등을 공급하는 경우에는 가스 등이 방출되지 않는 상태의 취관 또는 밸브 등을 닫은 후에 한다.
· 사용하는 사람의 명찰을 밸브 등에 표시하여 오조작을 막는다.
· 용단시 과잉산소의 방출에 의한 화상을 방지하기 위해 충분히 환기시킨다.
· 작업중단 또는 종료시 작업장소를 떠날 때에는 가스 등의 공급구 밸브 및 코크 등을 닫고 호스를 제거한다.

❖ 안전관리 포인트

☞ 가연가스 및 산소를 사용하여 금속용접, 용단 또는 가열작업을 하는 경우에는 다음의 자격을 지킬 것.
1. 가스용접 작업 주임자(p.83 참조)
2. 가스용접 기능강습 수료자(p.81 참조)

☞ 작업을 할 때는 보호의(헬멧, 장갑, 안전화 등), 보안경, 보호마스크 등을 사용할 것.

2 아크용접기 작업

도 급 자

누전에 의한 감전방지
감전방지용 누전차단장치를 사용한다.

전기기계 기구 등의 사용 전 점검
용접봉 홀더, 자동전격방지 장치, 누전차단기, 이동전선 등은 당일 사용 전에 점검을 한다.

강렬한 광선을 발산하는 장소
아크용접의 아크 등, 강렬한 광선을 발산하는 장소를 구획하고, 적절한 보호구를 마련한다.

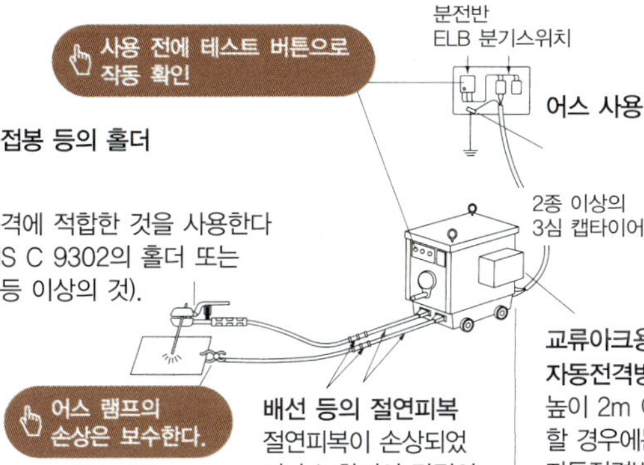

용접봉 등의 홀더

규격에 적합한 것을 사용한다(JIS C 9302의 홀더 또는 동등 이상의 것).

배선 등의 절연피복
절연피복이 손상되었거나 노화되어 감전의 우려가 있는 부분에 대해서는 보수를 한다.

교류아크용접기용 자동전격방지 장치
높이 2m 이상의 장소에서 작업할 경우에는 교류아크용접기용 자동전격방지 장치를 사용한다.

전기기계 기구의 둘레 등
충전부분에 접촉되어 감전의 우려가 있는 것은 절연피복*을 한다.

* 절연피복 : 고무, 비닐, 베크라이트 등의 절연재료를 사용하여 피복하는 것

❖ 안전관리 포인트

- ☞ 충전부분에 대해서는 절연처리를 할 것.
- ☞ 용접기에는 자동전격방지 장치를 사용하고, 누전차단 장치를 사용할 것.
- ☞ 사용 전에 각 장소에서 점검을 할 것.
- ☞ 작업중에는 보호의, 보호안경, 보호마스크를 착용할 것.
- ☞ 특별교육수료자가 작업을 할 것(p.82 참조).

3 건설 등의 작업을 할 경우의 감전방지

도 급 자

시설물 건설 등의 작업을 할 경우의 감전방지

가공전선 등 충전전로에 접근하는 장소에서 건설 등의 작업을 말뚝타입기계, 말뚝인발기계, 이동식 크레인 등을 사용하여 작업하는 경우 감전방지를 위해 다음과 같은 조치를 한다.

1. 해당 충전전로 이설
2. 감전방지 울타리 설치
3. 해당 충전전로에 절연용 방호구 장치
4. 1~3의 조치를 하기 어려운 경우에는 감시인을 두어 작업을 감시

송배전선으로부터의 안전이격거리

전 로	송전전압(V)	최소이격거리(m)		애자의 개수
		노동기준국장통달 *1)	전력회사의 목표치	
배전선	100,200 이하	1.0 이상 *2)	2.0 이상	–
	6,600 이하	1.2 이상 *2)	2.0 이상	–
송전선	22,000 이하	2.0 이상	3.0 이상	2~4
	66,000 이하	2.2 이상	4.0 이상	5~9
	154,000 이하	4.0 이상	5.0 이상	7~21
	275,000 이하	6.4 이상	7.0 이상	16~30
	500,000 이하	10.8 이상	11.0 이상	20~41

*1) 1975년 12월 17일 기발 제759호. *2) 절연방호된 경우에는 이에 해당되지 않음

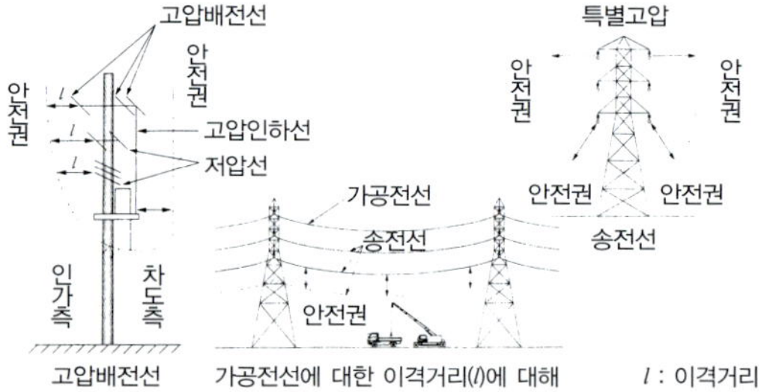

* 가공전선 : 송전선, 배전선, 인입선, 전기철도 또는 크레인의 트롤리선 등의 가설 배선

❖ 안전관리 포인트

☞ 가공전선 등에서의 근접작업에 대해서는 다음과 같은 사항에 주의할 것.

1. 감전방지 울타리를 설치할 것.
2. 절연용 방호구를 장착할 것.
3. 감시인을 두어 작업을 감시할 것.
4. 해당 가공전선의 관리자와 사전협의하여 지시를 할 것.

MEMO

11장 유기용제와 산소결핍 관계

1 유기용제 중독 방지

도 급 자

유기용제 작업주임자의 선임

국소배기장치의 정기 자체검사 · 기록
1년마다 1회 정기 자체검사를 실시하여 기록하고 3년간 보존한다.

점검
국소배기장치를 비롯하여 사용 또는 분해하여 개조 · 수리를 한 경우에는 점검을 할 것.

보수
자체검사, 점검시에 이상이 발견되면 즉시 보수한다.

게시
실내작업장 등에서 유기용제 업무를 하는 경우에는 주의사항을 보기 쉬운 장소에 게시한다(크기 : 0.4m×1.5m 이상) (아래 그림 참조)

> **유기용제 등 사용시의 주의사항**
>
> 1. 유기용제가 인체에 미치는 작용(주된 증상)
> (1) 두통
> (2) 권태감
> (3) 현기증
> (4) 빈혈
> (5) 간 장애
>
> 2. 유기용제 등의 취급시 주의사항
> (1) 유기용제를 넣은 용기 중에서 사용하고 있는 것이 아닌 경우는 반드시 뚜껑을 닫을 것.
> (2) 당일 작업에 직접 필요한 양 외의 유기용제 등은 작업장 안에 가지고 들어가지 말 것.
> (3) 가능한 한 통풍이 잘 되는 곳에서 작업을 하되, 유기용제의 증기 흡입을 피할 것.
> (4) 가능한 한 유기용제 등이 피부에 닿지 않도록 할 것.
>
> 3. 유기용제에 의한 중독이 발생했을 때의 응급처치
> (1) 중독에 걸린 사람은 바로 통풍이 잘 되는 장소로 옮기고, 신속히 위생관리자 및 기타 위생관리를 담당하는 자에게 연락할 것.
> (2) 중독에 걸린 사람의 머리를 낮게 하여 옆 또는 위를 향해 눕히고, 몸을 따뜻하게 해 줄 것.
> (3) 중독에 걸린 사람이 의식을 잃었을 경우에는 입 속의 이물을 제거할 것.
> (4) 중독에 걸린 사람의 호흡이 멈추었을 경우에는 신속히 인공호흡을 할 것.

유기용제 등의 구분 표시
보기 쉬운 장소에 표시(오른쪽 그림 참조)

제1종유기용제 등 (적색)	제2종유기용제 등 (황색)	제3종유기용제 등 (청색)

작업주임자

직무
1. 작업자가 유기용제에 오염되거나 흡입하지 않도록 작업 방법을 결정하고, 작업자를 지휘한다.
2. 국소배기장치 등은 1개월 이내마다 점검한다.
3. 보호구의 사용상황을 감시한다.
4. 작업자가 탱크 내에서 유기용제 업무를 하는 경우는 적절한 조치를 강구한다.

❖ 안전관리 포인트

☞ 유기용제 등 → p.91 참조
☞ 실내작업장에서 유기용제 등을 제조하거나 취급하는 작업에 대해서는 작업주임자를 유기용제 작업주임자 및 기능강습수료자(p.81, 83 참조) 중에서 선임할 것.
☞ 유기용제 등을 사용하는 경우에는 보기 쉬운 장소에 주의사항을 게시할 것.
☞ 유기용제 등의 구분 표시를 구분에 따라 보기 쉬운 장소에 표시할 것.

2 산소 결핍 위험장소

산업보건기준 17조 **산소결핍 위험장소(보건기준 17조 별표3)**

제1종 산소결핍 위험작업

· 다음의 지층에 접하거나 통하는 우물, 수직갱도, 피트, 기타 이와 유사한 곳의 내부

1. 상층에 불투수층이 있는 사력층 중 함수 또는 용수가 없거나 적은 부분
2. 제1철류 또는 제1망간염류를 함유한 지층
3. 메탄, 에탄 또는 부탄을 함유한 지층
4. 탄산수가 용출되거나 용출될 우려가 있는 지층
5. 진흙층(점토분말퇴적층, 점토분진층)
   · 장기간 사용하지 않는 우물 등의 내부
   · 케이블, 가스관, 기타 지하에 부설된 물건을 수용하기 위한 암거, 맨홀 또는 피트의 내부
   · 우수, 하천의 흐름 또는 용수가 체류하고 있거나 체류된 적이 있는 조, 암거, 맨홀 또는 피트의 내부
   · 상당기간 밀폐되어 있던 강제 보일러, 탱크, 호퍼, 기타 그 내장이 산화되기 쉬운 시설의 내부
   · 천장, 바닥 또는 주벽이나 격납물이 건성유를 함유하는 페인트로 도장되어 그 페인트가 건조되기 전에 밀폐된 지하실, 창고, 탱크, 호퍼, 기타 저장시설의 내부

제2종 산소결핍 위험작업

· 해수가 체류되어 있거나 체류된 적이 있는 열교환기, 관, 암거, 맨홀, 웅덩이, 피트나 해수가 상당기간 담겨 있거나 담았던 적이 있는 열교환기의 내부
· 분뇨, 진흙, 오수, 펌프액, 기타 발효물이 담겨 있거나 담았던 적이 있는 탱크, 조, 관, 암거, 맨홀, 웅덩이, 피트의 내부
· 위에 기재한 장소 외에 노동부장관이 정하는 장소(산소결핍증*1, 황화수소중독증*2에 걸릴 우려가 있는 경우에 한함)

*1 산소결핍증 :
초기→ 안면창백 또는 홍조, 맥박 및 호흡수 증가, 호흡곤란, 현기증, 두통 등
말기→ 의식불명, 경련, 호흡정지, 심장정지 등

*2 황화수소중독증 :
초기→ 눈, 기도의 자극, 후각이 둔해짐, 흉통 등
말기→ 폐수종, 폐렴, 의식불명, 호흡정지, 심장정지 등

❖ 안전관리 포인트

☞ 위에 기재한 산소결핍 위험작업은 산업안전보건법시행령에서 건설업과 관계된 작업을 추출한 것이다.(기타 작업은 생략)
☞ 산소결핍 : 공기 중의 산소농도가 18% 미만인 상태를 말한다.
☞ 산소결핍 등 : 산소결핍에 해당하는 상태 또는 공기중의 황화수소농도가 10/100만을 넘는 상태를 말한다.

3 산소결핍증 등의 방지

사 업 자

작업주임자

· 산소결핍 위험장소에서 작업을 할 때에는 다음과 같이 작업 주임자를 선임한다.
  제1종 산소결핍 위험작업 : 제1종 산소결핍 위험작업주임자
  제2종 산소결핍 위험작업 : 제2종 산소결핍 위험작업주임자

· 직무(제1종 · 제2종 산소결핍 위험작업)

1. 작업자가 산소결핍 등의 공기를 흡인하지 않도록 작업방법을 정하고, 작업원을 지휘한다.
2. 그 날의 작업을 시작하기 전과 작업원이 작업장소를 떠난 후 다시 작업을 시작하기 전, 작업원의 신체, 환기장치 등에 이상이 있었던 경우에 작업장소의 공기 중 산소 및 황화수소를 측정한다.
3. 측정기구, 환기장치, 공기호흡기 등의 기구 및 설비를 점검한다.
4. 공기호흡기 등의 사용 상황을 감시한다.

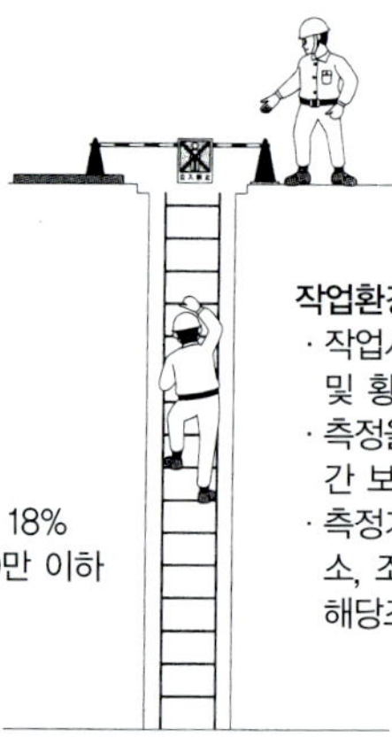

감시인의 배치

측정기구 비치

출입금지 · 표시

보호구의 사용

안전대의 사용

환기
작업장의 공기 중 산소농도는 18% 이상, 황화수소농도는 10/100만 이하로 유지되도록 환기를 한다.

작업환경측정 등
· 작업시작 전에 작업장의 공기 중 산소 및 황화수소농도를 측정한다.
· 측정을 하고 나면 기록을 남기고, 3년간 보관한다.
· 측정기록에는 측정자명, 일시, 방법, 장소, 조건, 결과, 방지조치를 했을 경우 해당조치의 개요를 기재한다.

❖ 안전관리 포인트

☞ 산소결핍 위험장소에서 작업을 할 경우에는 작업주임자를 선임할 것(p.83 참조).
☞ 작업시작 전에 산소농도 등을 측정하고 기록을 남길 것.
☞ 산소농도가 18% 이상이 되도록 환기할 것.
☞ 산소결핍 위험작업 종사자 외에는 출입을 금하도록 표시를 할 것.
☞ 작업장소에는 감시인을 배치하여 상시 작업상황을 감시하도록 할 것.

MEMO

12장 부 록

1 주요 안전표지 일람

출입금지

작업반경내 출입금지

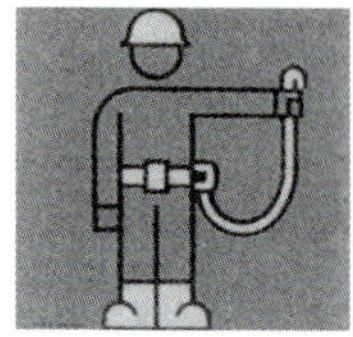

보호구완전착용

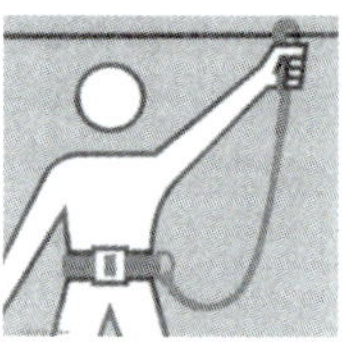

안전대사용

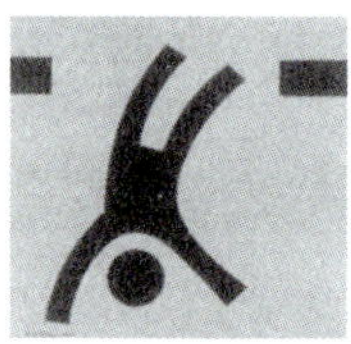

개구부주의

머리조심

발주의

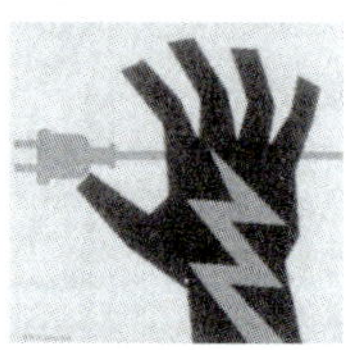

감전주의

최대적재하중

최대적재하중

안전작업통로

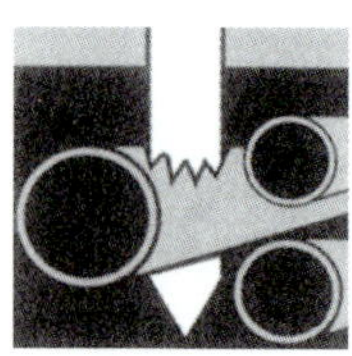

매설물주의

〈산업안전보건법시행규칙 별표 1의 2 참조〉

2 표시, 출입금지조치 등

표시가 필요한 장소

표시의 명칭		해당 장소	준거 조항
중량 표시		하나의 화물로 중량 1t 이상의 것을 발송*할 경우에 표시할 것(겉으로 보기에 중량이 확실한 것은 이에 해당되지 않음).	안위법 제35조
명칭 · 성분 등		'유해물질의 명칭, 성분 및 함유량 등'의 표시사항을 용기 또는 포장에 표시할 것.	안위법 제57조 안위칙 제31조
안전위생추진자 등의 성명		안전위생 추진자 등의 성명을 작업장의 잘 보이는 곳에 게시할 것.	안위칙 제12조의4
작업주임자 성명 등		작업주임자의 성명 및 직무사항을 작업장의 잘 보이는 곳에 게시할 것.	안위칙 제18조
운전 정지		기계의 청소, 급유, 검사, 수리 등을 하기 위해 운전을 정지하는 경우 해당 기계의 스위치 등에 표시판 등을 부착할 것.	산업안전보건법 제107조
검사표장		차량계 하역운반기계, 차량계 건설기계 등의 특정 자체검사실시 검사표장을 첨부할 것.	안위칙 제151조의24 안위칙 제169조의2
화기사용 금지		화재 또는 폭발 위험이 있는 장소에 '화기사용금지' 표시를 할 것.	안위칙 제288조
가스의 명칭 등		가스집합용접 장치에서 사용하는 가스의 명칭 및 최대가스저장량을 가스장치실의 잘 보이는 곳에 게시할 것.	안위칙 제313조
화기 엄금		가스집합용접 장치로부터 5m 이내에서 흡연, 화기사용 등의 금지를 표시할 것.	안위칙 제339조
통전 금지		정전작업중 '통전금지'에 관한 소요사항을 개폐기에 표시할 것.	안위칙 제345조
접근한계거리		특별고압활선에 근접하여 작업할 경우 접근한계거리를 유지한 곳에 표시할 것.	안위칙 제540조
안전통로		작업장과 통하는 장소 및 작업장 내의 주요통로에 '안전통로'를 표시할 것.	안위칙 제549조
피난용 출입구, 통로, 기구		평상시 사용하지 않는 피난용 출입구, 통로, 기구에 '피난용 출입구'를 표시할 것.	안위칙 제562조
최대적재하중		비계 작업대에 '최대적재하중'을 표시할 것. 작업구대 작업대에 '최대적재하중'을 표시할 것.	안위칙 제575조의4
소음발생장소		강렬한 소음을 발생하는 실내작업장에 이를 알리는 표지를 명시할 것.	안위칙 제583조의2
		귀마개 등의 보호구를 사용해야 한다는 내용을 잘 보이는 곳에 표지를 붙여 명시할 것.	안위칙 제595조
유해물집적소		유해물, 병원체 등 집적장소의 잘 보이는 곳에 표시할 것.	안위칙 제586조
사고현장		유기용제, 고압작업실, 산소결핍위험장소 등에 의한 사고현장이 있을 경우 그 현장에 일괄적으로 정해진 표지로 명시할 것.	안위칙 제640조
권과방지표지		권과방지장치를 구비하지 않은 크레인, 데릭, 건설용 리프트의 권상용 와이어 로프에 표지를 붙이거나 경보장치를 설치할 것.	크레인칙 제19조 제106조, 제182조
유기용제	취급주의 등	실내작업장 등에서 유기용제 업무를 하는 장소의 잘 보이는 곳에 표시할 것.	유기칙 제24조
	구분표시	용제의 구분 '제1종(적색), 제2종(황색), 제3종(청색)'은 색을 구분하여 잘 보이는 곳에 표시할 것.	유기칙 제25조
산소결핍 위험작업장소		산소결핍 위험작업장소에서 산소결핍의 우려가 있는 경우 이 장소에 지명자 외에 출입을 금한다는 것을 잘 보이는 곳에 표시할 것.	산결칙 제14조

*발송 : 사업장 구내 짐의 이동은 포함하지 않음.

〈우리나라 기준 참고 : 산업안전보건법시행규칙 제2장 안전 · 보건표지 제6조(안전 · 보건 표지의 종류 · 형태 및 용도 등)참조〉

출입금지 조치가 필요한 장소

작업명	해당 장소	필요한 조치	준거 조항
차량계 하역운반기계	포크, 쇼벨, 암 등에 의해 지지되어 있던 짐의 아래	출입금지	안위칙 제151조의 9
부정지운반차	하나의 짐이 100kg 이상인 하역작업장소	관계자 외 출입금지	안위칙 제151조의 48
구내운반차	하나의 짐이 100kg 이상인 하역작업장소	관계자 외 출입금지	안위칙 제151조의 62
화물자동차	하나의 짐이 100kg 이상인 하역작업장소	관계자 외 출입금지	안위칙 제151조의 70
차량계 건설기계	운전중인 차량계 건설기계 등의 접촉위험장소	관계자 외 출입금지	안위칙 제158조
콘크리트 펌프차	콘크리트 등의 취출 위험장소	출입금지	안위칙 제171조의 2
브레이커	작업구역내	출입금지	안위칙 제171조의 4
말뚝박기기계, 말뚝뽑기기계, 보링머신	권상용 와이어로프의 굴곡부 내측	출입금지	안위칙 제187조
거푸집 지보공	조립 · 해체작업의 구역내	관계자 외 출입금지	안위칙 제245조
위험물 및 화기취급	폭발, 화재의 위험이 있는 곳	출입금지	안위칙 제288조
가스집합용접 장치	가스장치실	계원 외 출입금지	안위칙 제313조
전기취급 업무	배전반실, 변전실 등	전기취급자 외 출입금지	안위칙 제329조
굴 삭	지반 붕괴, 토석 낙하의 우려가 있는 곳	출입금지, 방호망 설치	안위칙 제361조
흙막이널지보공	버팀대, 여장의 부착 및 해체 작업구역내	관계자 외 출입금지	안위칙 제372조
가새치기, 가새떼기	가새의 붕괴, 짐의 낙하위험장소	출입금지	안위칙 제433조
건축물 공사	철골조립 등의 작업구역내	관계자 외 출입금지	안위칙 제517조의 3
	목조건축물 조립 등의 작업구역내	관계자 외 출입금지	안위칙 제517조의 11
콘크리트공작물	콘크리트조 공작물 해체 등의 작업구역	관계자 외 출입금지	안위칙 제517조의 15
추락위험이 있는 곳	추락 위험이 있는 곳	관계자 외 출입금지	안위칙 제530조
물체의 낙하위험이 있는 곳	물체의 낙하위험이 있는 곳	출입금지	안위칙 제537조
비계의 조립 등	조립, 해체, 변경작업의 구역내	관계자 외 출입금지	안위칙 제564조
유해한 장소	분진, 유해물취급장소 등	관계자 외 출입금지	안위칙 제585조
크레인	케이블 크레인의 와이어 로프 내각측	출입금지	크레인칙 제28조
	해커 등을 이용하여 후크걸이한 짐의 아래	출입금지	크레인칙 제29조
	조립, 해체작업 구역	관계자 외 출입금지	크레인칙 제33조

출입금지 조치가 필요한 장소 – 계속

작업명	해당 장소	필요한 조치	준거 조항
이동식 크레인	상부선회체와의 접촉 위험장소	출입금지	크레인칙 제74조
	해커 등을 이용하여 후크걸이 짐의 아래	출입금지	크레인칙 제74조의 2
	디브의 조립 · 해체작업구역	관계자 외 출입금지	크레인칙 제74조의 2
데 릭	와이어 로프의 내각측	출입금지	크레인칙 제114조
	해커 등을 이용하여 후크걸이한 짐의 아래	출입금지	크레인칙 제115조
	조립 · 해체작업구역	관계자 외 출입금지	크레인칙 제118조
엘리베이터	승강로 또는 가드레일 지지탑의 조립 · 해체작업구역	관계자 외 출입금지	크레인칙 제153조
건설용 리프트	반기의 승강에 위험이 있는 장소	출입금지	크레인칙 제187
	와이어 로프의 내각측	출입금지	크레인칙 제187
	조립 · 해체작업구역	관계자 외 출입금지	크레인칙 제191조
곤돌라	작업장소의 하부	관계자 외 출입금지	곤돌라칙 제18조
유기용제의 취급	중독의 우려가 있는 사고현장	출입금지	유기칙 제27조
산소결핍위험장소	산소결핍 위험의 우려가 있을 때	지명자 외 출입금지	산결칙 제14조

〈우리나라 기준 참고 : 산업안전기준에 관한 규칙 참고〉

3 작업규제 관계

악천후시 등의 작업규제

<table>
<tr><th>기후</th><th colspan="2">작업 조치 · 규제 등</th><th>준거 조항</th></tr>
<tr><td rowspan="20">[강풍]
10분간 평균풍속이 매초 10m 이상인 경우

[폭우]
1회의 강우량이 50mm 이상인 경우

[대설]
1회의 강설량이 25cm 이상인 경우</td><td rowspan="15">작업을 중지하는 작업</td><td>거푸집지보공 조립 등의 작업 금지</td><td>안위칙 제245조</td></tr>
<tr><td>철골조립 등의 작업 중지</td><td>안위칙 제517조의 3</td></tr>
<tr><td>목조건축물 조립 등의 작업 중지</td><td>안위칙 제517조의 11</td></tr>
<tr><td>콘크리트조 공작물 해체 등의 작업 중지</td><td>안위칙 제517조의 15</td></tr>
<tr><td>높이 2m 이상인 장소에서의 작업 금지</td><td>안위칙 제522조</td></tr>
<tr><td>비계 조립 등의 작업 중지</td><td>안위칙 제564조</td></tr>
<tr><td>작업구대 조립 등의 작업 중지</td><td>안위칙 제575조의 7</td></tr>
<tr><td>크레인작업 중지(강풍시에만)</td><td>크레인칙 제31조의 2</td></tr>
<tr><td>크레인 조립 등의 작업 중지</td><td>크레인칙 제33조</td></tr>
<tr><td>이동식 크레인 작업 중지(강풍시에만)</td><td>크레인칙 제74조의 3</td></tr>
<tr><td>데릭작업의 중지(강풍시에만)</td><td>크레인칙 제116조의 2</td></tr>
<tr><td>데릭 조립 등의 작업 금지</td><td>크레인칙 제118조</td></tr>
<tr><td>실외 엘리베이터 조립 등의 작업 금지</td><td>크레인칙 제153조</td></tr>
<tr><td>건설용 리프트 조립 등의 작업 금지</td><td>크레인칙 제191조</td></tr>
<tr><td>곤돌라를 사용하는 작업 금지</td><td>크레인칙 제19조</td></tr>
<tr><td rowspan="5">사후 점검 등</td><td>굴삭시의 지반 점검(폭우시에만)</td><td>안위칙 제358조</td></tr>
<tr><td>흙막이널 지보공 점검(폭우시에만)</td><td>안위칙 제373조</td></tr>
<tr><td>비계의 점검</td><td>안위칙 제567조</td></tr>
<tr><td>작업구대 점검</td><td>안위칙 제575조의 8</td></tr>
<tr><td>곤돌라 점검</td><td>곤돌라칙 제22조</td></tr>
</table>

〈우리나라 기준 참고 : 산업안전기준에 관한 규칙 참고〉

4 자격, 면허 등

기능강습이 필요한 작업

작업의 종류	업무 내용	기술강습의 명칭	관계 조문
목재가공용 기계	둥근톱, 줄톱 등 목재가공용 기계를 5대 이상 사용하는 사업장의 작업	목재가공용 기계작업 주임자	안위령 제6조 안위칙 제129조
거푸집지보공 조립 등	거푸집지보공의 조립 · 해체 작업	거푸집지보공 조립작업 주임자	안위령 제6조 안위칙 제246조
콘크리트 파쇄기	콘크리트 파쇄기 작업	콘크리트파쇄기작업 주임자	안위령 제6조 안위칙 제321조의3
지반굴삭	굴삭면의 높이가 2m 이상인 지반의 굴삭작업	지반굴삭작업 주임자	안위령 제6조 안위칙 제359조
흙막이널 지보공	흙막이널지보공의 버팀대 또는 여장의 부착 및 해체	흙막이지보공작업 주임자	안위령 제6조 안위칙 제374조
가새작업	높이 2m 이상인 가새치기, 가새떼기 작업	가새작업 주임자	안위령 제6조 안위칙 제428조
건축물의 철골조립 등의 작업	건축물의 철골 또는 탑에서 금속제 부재로 구성된 것(높이 5m 이상)의 조립 · 해체 또는 변경 작업	건축물의 철골조립 등의 작업 주임자	안위령 제6조 안위칙 제517조의 4
목조 건축물의 조립 등의 작업	처마의 높이가 5m 이상인 목조건축물의 주요구조부의 조립, 지붕바탕, 외벽바탕의 부착작업	목조건축물의 조립등의 작업 주임자	안위령 제6조 안위칙 제517조의 12
콘크리트조 공작물의 해체 등	높이 5m 이상인 콘크리트조 공작물의 해체 · 파괴 작업	콘크리트조 공작물의 해체 등 작업 주임자	안위령 제6조 안위칙 제517조의17
비계의 조립 등	달비계, 내민비계, 높이 5m 이상인 비계의 조립 · 해체 등의 작업	비계조립 등 작업 주임자	안위령 제6조 안위칙 제565조
유기용제 취급 등	실내작업 또는 탱크 내부, 기타 장소에서 유기용제와 그 외의 것과의 혼합물로 유기용제를 해당 혼합물 중량의 5% 이상 함유한 것을 취급하는 작업	유기용제작업 주임자	안위령 제6조 유기칙 제19조
납작업	납 라이닝작업, 납함유 도료가 도포된 강재의 용접, 용단, 절단, 가열 또는 납함유 도료의 줄긋기 작업	납 작업 주임자	안위령 제6조 납칙 제33조
차량계 건설기계	기체중량 3t 이상의 정지 · 운반 · 쌓기 · 굴삭용 기계, 기초공사용 기계, 해체용 기계의 운전	차량계 건설기계운전	안위령 제20조 안위칙 제41조
차량계 하역운반기계	최대하중 1t 이상의 포크리프트, 쇼벨로더 또는 포크로더의 운전	포크리프트, 쇼벨로더 등의 운전	안위령 제20조 안위칙 제41조
	최대적재량 1t 이상의 부정지운반자의 운전	부정지운반차 운전	안위령 제20조 안위칙 제41조
고소작업차	작업대의 높이가 10m 이상인 고소작업차의 운전	고소작업차 운전	안위령 제20조 안위칙 제41조
가스용접작업	가연성 가스 및 산소를 이용해야 하는 금속의 용접, 용단 등의 작업	가스용접	안위령 제20조 안위칙 제41조
크레인	바닥 위에서 운전하는 방식으로 5t 이상의 크레인 운전	바닥 위 조작식 크레인의 운전	안위령 제20조 크레인칙 제22조
이동식 크레인	양중하중이 1t 이상, 5t 미만인 이동식 크레인의 운전	소형 이동식 크레인 운전	안위령 제20조 크레인칙 제68조
후크걸이	양중하중이 1t 이상인 크레인, 이동식 크레인, 데릭의 후크걸이작업	후크걸이	안위령 제20조 크레인칙 제221조

1) 이동식크레인 양중 제131조 (출입금지)

〈우리나라 기준 참고 : 유해 · 위험작업의 취업제한에 관한 규칙 [별표 1~별표 6까지] 참조〉

특별교육이 필요한 작업

작업의 종류	업무 내용	관계 조문
그라인더	연삭과 돌 교체 또는 교체시의 시운전 작업	안위칙 제36조 제1호
아크용접기	아크용접기를 사용하는 작업	안위칙 제36조 제3호
전기 작업	정전작업 또는 고압, 특별고압의 충전전로 활선 및 활선과 근접한 곳에서의 작업	안위칙 제36조 제4호
	충전전로 또는 그 지지물의 부설 점검 · 수리 · 충전부분이 노출된 개폐기 조작 등의 작업	
차량계 하역운반기계	최대하중 1t 미만의 포크리프트 운전	안위칙 제36조 제5호
	최대하중 1t 미만의 쇼벨로더, 포크로더의 운전	안위칙 제36조 제5호의2
	최대적재량 1t 미만의 부정지운반차의 운전	안위칙 제36조 제5호의3
양중장치	제한하중 5t 미만의 양중장치 운전	안위칙 제36조 제6호
벌목 등의 작업	흉고직경 70cm 이상인 입목의 벌목, 채목에서 걸려 있는 나무의 흉고직경 20cm 이상인 것의 처리 등의 작업	안위칙 제36조 제8호
	체인소를 이용해야 하는 입목의 벌목, 채목의 처리 또는 조재의 작업	안위칙 제36조 제8호의2
차량계 건설기계	기체중량 3t 미만의 정지, 운반쌓기 및 굴삭기계, 해체용 기계(브레이커), 기초공사용 기계의 운전	안위칙 제36조 제9호
	기초공사용 기계의 작업장치 조작	안위칙 제36조 제9호의3
	체결용 기계(롤러)의 운전	안위칙 제36조 제10호
	콘크리트펌프차의 작업장치 조작	안위칙 제36조 제10호의2
기초공사용 기계	기초공사용 기계의 운전	안위칙 제36조 제9호의2
보링머신	보링 머신의 운전	안위칙 제36조 제10호의3
고소작업차	작업대의 높이 10m 미만인 고소작업차의 운전	안위칙 제36조 제10호의5
윈 치	동력구동 권상기의 운전(전기 호이스트, 헤야 호이스트 및 기타 권상기로 곤돌라에 걸리는 것은 제외)	안위칙 제36조 제11호
크레인	양중하중이 5t 미만인 크레인의 운전	안위칙 제36조 제15호
	양중하중이 5t 미만인 과선텔퍼(telpher)의 운전	
이동식 크레인	양중하중이 1t 미만인 이동식 크레인의 운전	안위칙 제36조 제16호
데 릭	양중하중이 1t 미만인 이동식 크레인의 운전	안위칙 제36조 제17호
건설용 리프트	적재하중 250kg 이상, 가이드레일의 높이 10m 이상인 건설용 리프트 운전	안위칙 제36조 제18호
후크걸이 작업	양중 하중이 1t 미만인 크레인, 이동식 크레인 또는 데릭의 후크걸이작업	안위칙 제36조 제19호
곤돌라	곤돌라 조작	안위칙 제36조 제20호
산소결핍위험작업	산소결핍 위험장소에서의 작업	안위칙 제36조 제26호
투과사진촬영작업	X선 장치 또는 감마선 조사장치를 이용하는 촬영작업	안위칙 제36조 제28호
특정분진작업	분진발생장소에서의 작업(설비에 의한 주수 또는 주유를 하면서 하는 분진칙 제3조의 작업은 제외)	안위칙 제36조 제29호

〈우리나라 기준 참고 : 유해 · 위험작업의 취업제한에 관한 규칙 [별표 1~별표 6까지] 참조〉

작업주임자가 필요한 작업

작업의 종류	업무 내용	필요한 자격	관계 조문
목재가공 용기계작업	둥근톱, 줄톱 등 목재가공용 기계를 5대 이상 가진 사업장	기능강습수료자	안위령 제6조 안위칙 제129조
목재거푸집지보공 조립 등의 작업	거푸집지보공의 조립 · 해체	기능강습수료자	안위령 제6조 안위칙 제246조
가스용접작업	아세틸렌용접장치 또는 가스집합용접 장치를 이용하는 금속의 용접, 용단, 가열	면허자	안위령 제6조 안위칙 제314조
지반굴삭작업	지반굴삭(굴삭면의 높이가 2m 이상)	기능강습수료자	안위령 제6조 안위칙 제359조
흙막이널지보공 작업	흙막이널지보공의 버팀대, 여장의 부착 및 해체	기능강습수료자	안위령 제6조 안위칙 제374조
가새작업	높이 2m 이상의 가새치기, 가새떼기	기능강습수료자	안위령 제6조 안위칙 제428조
건축물 철골조립 등의 작업	건축물의 골조 또는 탑에서 금속제 부재로 구성된 것(높이 5m 이상)의 조립 · 해체 · 변경	기능강습수료자	안위령 제6조 안위칙 제517조의4
목조건축물 조립 등의 작업	처마의 높이 5m 이상인 목조 건축물 주요구조부의 조립	기능강습수료자	안위령 제6조 안위칙 제517조의12
콘크리트조 공작물의 해체 등의 작업	콘크리트조 공작물의 해체 · 파괴(높이는 5m 이상)	기능강습수료자	안위령 제6조 안위칙 제517조의17
비계 조립 등의 작업	달비계, 내민비계 또는 높이 5m 이상인 비계의 조립 · 해체 · 변경	기능강습수료자	안위령 제6조 안위칙 제565조
유기용제 취급 등의 작업	실내작업 또는 탱크 내부 기타 장소에서 유기용제와 그 외 혼합물로 유기용제를 해당 혼합물 중량의 5% 넘게 함유하는 것을 취급하는 작업	기능강습수료자	안위령 제6조 유기칙 제19조
납작업	납 라이닝 작업 및 납함유 도료가 도포된 강재의 용접, 용단, 절단, 가열 또는 납함유 기능강습 수료자 도료의 줄긋기작업	기능강습수료자	안위령 제6조 납칙 제33조
특정 화학물질 등의 작업	특정화학물질 등의 제조 또는 취급	기능강습수료자	안위령 제6조 특화칙 제27조
X선 투과사진촬영 작업	방사선 조사장치를 이용하는 투과검사	면허자	전리칙 제46조
산결작업 (제1종, 제2종)	천장, 피트, 암거, 맨홀의 내부	기능강습수료자	안위령 제6조 산결칙 제11조

〈우리나라 기준 참고 : 산업안전기준에 관한 규칙 [별표 1의 2] 안전담당자의 유해 · 위험방지업무(제31조의 2 관련) 참조

작업지휘자가 필요한 작업

작업의 종류	업무 내용	선임 · 지명의 기준	관계 조문
차량계 건설기계	수리 또는 어태치먼트 장착 및 해체	지 명	안위칙 제165조
	콘크리트펌프차의 수송관 등의 조립 및 해체	지 명	안위칙 제171조의3
말뚝박기기계, 말뚝인발기계, 보링 머신	조립, 해체, 변경, 이동	지 명	안위칙 제190조
크레인	크레인의 조립 및 해체	지 명	크레인칙 제33조
	크레인에 정격하중 이상의 짐을 싣는 작업(미리 크레인특례보고서를 관할노동기준감독서에 제출)	지 명	크레인칙 제23조
이동식 크레인	이동식 크레인에 정격하중 이상의 짐을 싣는 작업	지 명	크레인칙 제69조
	이동식 크레인의 디브 조립 및 해체	지 명	크레인칙 제75조의2
엘리베이터	실외에 설치하는 엘리베이터의 조립 및 해체	지 명	크레인칙 제153조
건설용 리프트	건설용 리프트의 조립 및 해체	지 명	크레인칙 제191조

면허증이 필요한 작업

작업의 종류	업무 내용	면허증명	관계 조문
가스용접작업의 작업주임자	아세틸렌 용접장치 또는 가스집합용접장치를 사용하는 금속용접, 용단 또는 가열을 하는 작업주임자	가스용접작업주임자	안위령 제6조 안위칙 제314조
크레인 운전	양중 하중이 5t 이상인 크레인 운전 (과선텔퍼 제외)	크레인운전사	안위령 제20조 크레인칙 제22조
이동식 크레인 운전	양중하중이 5t 이상인 이동식 크레인의 운전, 공도를 주행하는 이동식 크레인의 운전	이동식크레인운전사 대형특수자동차	안위령 제20조 크레인칙 제68조 도교법 제84조
데릭 운전	양중하중이 5t 이상인 데릭의 운전	데릭운전사	안위령 제20조 크레인칙 제108조
위험물 취급작업	모든 종류의 위험물	갑종위험물취급자	소방법 제13조 위험칙 제49조
	면장에 지정하는 종류의 위험물	을종위험물취급자	
	가솔린, 등유, 제3석유류, 제4석유류 및 동식물유류	병종위험물취급자	
전기공사	자가용 전기공작물의 공사 · 보안	전기주임기술자	전사업법 제72조
	전기공사를 하는 작업	전기공사사	전공법 제3조

〈우리나라 기준 참고 : 유해 · 위험작업의 취업제한에 관한 규칙 [별표 1] 자격 · 면허 · 기능 또는 경험이 필요한 작업 및 해당 자격 · 면허 · 기능 또는 경험 (제3조 1항 관련)

5 사고 · 재해 사례

사례 1 **지하에서 중기작업을 하던 중 운전자가 끼었다!**

발생 상황

지하굴삭 중 피해자는 미니백호를 운전하고 있었다. 집토를 하다가 미니백호를 후퇴시키려 할 때 2단째 버팀대에 차체의 일부가 부딪치고 그 순간 좌석시트가 들어올려져 피해자의 몸이 앞으로 쏠리게 되어 조작 레버와 좌석 시트 사이에 흉부가 끼었다.

발생 원인

1. 자세가 불안전하고 위험한 위치에서 작업을 했다.
2. 방지설비에 결함이 있었거나 설치하지 않았다.
3. 작업계획을 작성하지 않아 작업순서가 명확하지 않았다.

방지 대책

1. 오퍼레이터에 대한 안전위생교육을 철저히 한다.
2. 운전석에 헤드가드를 설치한다.
3. 작업순서를 직시하고 이를 철저히 알린다.

❖ 안전관리 포인트

☞ 안전위생교육 → p.16 참조
☞ 헤드가드 → p.28 참조
☞ 작업순서(작업계획) → p.24, 25, 28 참조

사례 2 깔철판이 고리에서 빠져 떨어지는 바람에 작업원의 발이 끼었다!

발생 상황

철골작업시 이동식 크레인(25t 호일크레인)의 아우트리거용 깔철판(1.5m×6.0m, 1.6t)을 옮기기 위해 피해자가 깔철판을 고리에 끼워 끌어올리려고 하다가 고리에서 빠져버렸다. 피해자는 지반 위에서 오른쪽 발이 깔철판에 끼어 부상을 입었다.

발생 원인

1. 후크걸이 방법이 적절하지 못했다.
2. 무자격자(후크걸이)가 작업을 하고 있었다.
3. 작업순서(작업계획)가 세부까지 확인되지 못했다.

방지 대책

1. 후크걸이용구(와이어로프, 셔클)를 사용할 것.
2. 유자격자(후크걸이 기능 강습수료자)가 후크걸이작업을 할 것.
3. 실제 작업에 맞게 작업순서를 작성하고 준수하여 작업을 진행한다.

❖ 안전관리 포인트

☞ 양중물 아래로는 출입금지 → p.36 참조
☞ 후크걸이용구 → p.41 참조
☞ 자격 → p.41 참조
☞ 작업순서(작업계획) → p.24, 25, 35 참조

사례 3 **비계를 해체하다가 틀재와 함께 작업자가 추락했다!**

발생 상황

틀조립 비계에서 비계를 해체하는 작업을 하고 있었다.
피해자가 틀을 빼다가 몸의 균형을 잃어 틀과 함께 추락했다.

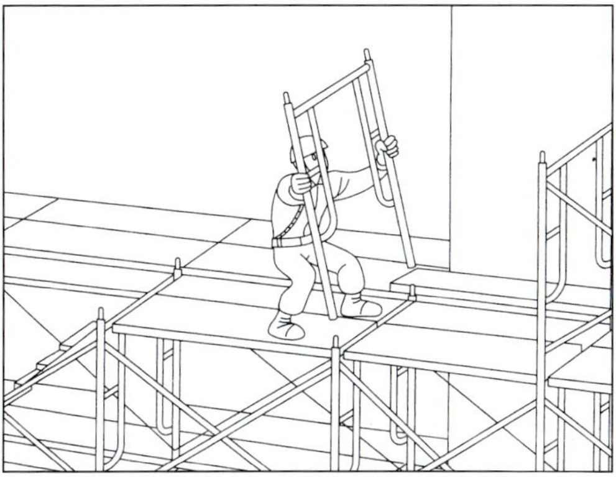

발생 원인

1. 안전대 부착을 위한 망이 설치되어 있지 않았다.
2. 안전대는 착용하고 있었으나 사용하지 않았다.
3. 작업 주임자가 작업의 진행상황을 감시하고 있지 않았다.

방지 대책

1. 안전대 사용을 철저히 한다.
2. 작업대 등을 확인하여 무리한 자세에서 작업을 하지 않도록 회의시 작업순서를 확실히 주지시킨다.
3. 망을 설치하고 안전대 사용을 철저히 한다.

❖ 안전관리 포인트

☞ 안전대 → p.44, 48 참조
☞ 작업주임자 → p.48 참조
☞ 작업순서 → p.48 참조

6 안전관리용어집

[아이 스프라이스]

와이어 로프의 끝을 2가닥으로 풀어서 환상(環狀)으로 만든 것으로, 로프 끝부분의 각 스트랜드를 로프 스트랜드 사이에 집어넣는 일명 '꼬아넣기' 방식이다.

[깔때기]

양생 깔때기를 말함. 고층건축물을 공사할 때 낙하물을 방지하기 위한 목적으로 2층 또는 3층 부분의 비계에서 비스듬히 튀어나온 판붙임 보호선반을 말한다.

[안전위생위원회]

노동자의 안전 및 위생에 관한 사항을 심의하는 안전위원회와 위생위원회의 두 기능을 모두 가지는 위원회이다. 법에 의해 안전위원회와 위생위원회를 함께 설치해야 하는 경우, 그 대신으로 설치할 수 있다. 위원의 구성이나 개최횟수에 대해서는 다른 위원회와 마찬가지이다. 안위법 제19조.

[안전위생관리]

산업안전보건법에 근거하여 노동재해를 방지하고 노동자의 안전확보 및 건강유지를 도모함과 동시에 쾌적한 작업환경을 만드는 것이다. 건설업자는 본점·지점에 안전위생관리 부서를 설치하고, 현장 순회·지도를 함과 동시에 현장에서도 안전위생관리 조직체제를 갖추어 현장 내의 관리를 하고 있다. 줄여서 '안전관리'라고도 한다. ☞p.13 참조

[안전위생협의회]

특정 도급자(도급)가 여러 하도급공사의 혼재작업에 의해 생기는 노동재해를 방지하기 위해 설치·운영하는 협의조직이다. 관계 전문건설업자와 도급자가 협력하여 개최하고, 안전계획·안전목표를 결정하며, 안전순회 등 방재에 대한 구체적인 대책을 결정하여 안전한 작업을 위한 연락 등을 한다. 회의는 정기적으로 개최해야 한다.

[한 장소]

특정 도급자의 '한 장소'의 범위는 도급계약관계에 있는 다수의 사업자에 의해 작업이 관련되며 혼재되어 행해지는 각 작업현장을 말한다. 예를 들어 빌딩건설공사는 그 공사의 작업장 전역을 나타낸다.

[이동식 크레인]

원동기를 내재하며 불특정 장소에서 이동할 수 있는 크레인을 이동식 크레인이라고 한다. 트랙 크레인, 크롤러 크레인, 라프터 크레인, 트럭 탑재형 크레인 등이 있으며, 산업안전보건법에서는 0.5t 이상이 적용된다.

[기상의 정의]

악천후 : 폭우 → 1회 강우량이 50mm 이상인 경우
대설 → 1회 강설량이 25cm 이상인 경우
강풍 → 10분 동안 평균풍속이 매초 10m 이상인 경우
폭풍 → 순간풍속이 매초 30m 이상인 경우

중진 이상의 지진 : 진도계급 4 이상의 지진

[강도율]

노동재해 통계에 사용되는 용어로 연노동시간당 발생한 재해에 의한 손실일수의 비율을 나타내며, 발생한 재해의 강도를 나타내는 수치이다.
강도율 = (노동손실일수/연노동시간수)×1,000,000 (소수점 이하 3자리 반올림)

[크레인]

자재·가설재 등을 끌어올리거나 이동 및 운반하는 양중기계이다. 천장 크레인, 트럭 크레인, 디브 크레인, 타워 크레인, 크롤러 크레인 등의 종류가 있다.

[건설용 리프트]

짐만 운반하기 위한 목적으로 사용되는 엘리베이터로서 산업안전보건법에서는 가이드 레일의 길이 10m 이상의 것이 적용된다.

[깔판·깔판의 모서리]

지보공, 지주 등이 지중에 파묻히지 않도록 그 아래에 깔아넣는 판재 또는 각재를 말한다.

[중대재해]

일시에 3명 이상의 노동자가 업무상 사상 또는 병에 걸리는 재해를 말한다. 건수도 중대재해발생건수로 센다.

[스트랜드]

와이어 로프는 강철 와이어를 여러 개 합쳐서 꼬아 만든 줄이며, 꼬아진 각 와이어를 스트랜드라고 한다. 또한 섬유 로프도 여러 개의 실(이음사)을 합쳐서 꼬아 만드는데, 꼬아진 각 실도 스트랜드라고 한다.

[세이프티 어세스먼트]

Safety Assesment(SA) 건설공사 착공 및 설비의 신설이나 변경시 안전 측면에서 행해지는 사전 평가(Assesment)를 일컫는다. 노동재해방지 관점에서 후생노동성에서 위험도가 높은 '터널건설공사', '강교가설공사', '압기실드공사 및 케이슨 공사', '추진공사', '프리스트레스콘크리트(PC)', '화학플랜트'에 대해 세이프티 어세스먼트에 관한 지침에 현재 공표되어 있다.

[적재하중]

구조물, 운반기계의 구조 및 재료에 따라 적재할 수 있는 최대적재하중을 말한다. 산업안전보건법에서는 엘리베이터, 건설용 리프트, 고소작업차 등의 구조와 재료에 따라 이들 기계, 작업대에 사람 또는 짐을 양중할 수 있는 최대하중을 적재하중이라고 규정했으나, 비계와 작업구대의 작업대에 대해서도 최대적재하중을 정해야 한다.

부 록

[손실일수]

노동재해 통계에 사용되는 용어로 발생 재해에 의해 사망, 영구적으로 전노동불능 및 영구적으로 일부노동불능(신체장애등급 1~14급)은 등급에 따라 손실일수가 정해져 있으며, 일시전불능은 휴업일수에 의해 계산하여 산출한다.

일시전노동불능의 손실일수 = 역일(暦日)에 의한 휴업일수 ×(300÷365)
(소수점 이하 버림)

사망, 영구전노동불능(신체장해등급 1~3급)의 손실일수는 휴업일수에 관계없이 7,500일 신체장해등급의 손실일수(영구 일부노동불능)로 한다.

신체장해등급	4	5	6	7	8	9	10	11	12	13	14
손실일수	5,500	4,000	3,000	2,000	1,500	1,000	600	400	200	100	50

[받침부착 와이어]

와이어로프 등을 이용하여 기계, 설비 등을 말뚝이나 구조물에 고정시키는 것을 말한다. 또한 받침이 달린 경우에는 받침용 와이어로프 등을 일컫는 경우가 많다. 후크걸이용 와이어로프를 받침달린 와이어라고 하는 경우도 있으나 후크걸이용 와이어로프와 받침달린 와이어로프는 안전계수가 다르며 방법도 다르기 때문에 확실하게 구별할 필요가 있다.

[양중하중]

크레인, 이동식 크레인, 데릭 등으로 그 기계가 부하할 수 있는 최대하중을 말한다. 크롤러 크레인의 경우는 디브를 최대 경사각으로 하며, 붐을 가장 짧게(최소작업반경) 했을 경우의 하중이 된다. 양중하중에는 후크 등의 고리 중량이 포함된다.

[정격하중]

크레인, 이동식 크레인, 데릭 등의 양중하중에서 후크 등의 고리의 중량을 뺀 하중이다.

[도수율]

노동재해 통계에 사용되는 용어로 연노동시간이 100만 시간에 발생하는 사상자의 비율을 나타내며, 재해발생빈도를 나타내는 수치이다.

도수율 = (사상자수/연노동시간수)×1,000,000 (소수점 이하 3자리 반올림)

[가새작업]

가새란 창고, 옥상 또는 토장에 쌓는 짐을 말한다. 이 짐을 쌓는 작업을 '가새치기' 라고 하고 치우는 작업을 '가새떼기' 라고 한다.

[폭발한계(범위) · 연소한계(범위)]

가연성 가스는 공기 또는 산소 중에서 어느 한정된 범위의 농도가 되었을 때에만 연소가 일어난다. 이는 화재가 자유롭게 전파해 가기 위해서는 점화에 의해 화재가 발생하더라도 그 연소로 발생한 연료가 다음 부분의 혼합가스를 발화온도까지 가열하지 못하면 연료가 계속되지 않기 때문이다. 따라서 이 농도범위를 폭발범위(또는 연소범위)라 하고, 그 한계를 폭발한계(또는 연소한계)라고 한다.

건설현장과 관련된 위험 가스 등

가스의 명칭		메탄 (CH_4)	프로판 (C_3H_8)	아세틸렌 (C_2H_2)	수소 (H_2)	일산화탄소 (CO)
비중		0.55	1.56	0.9	0.07	0.97
발화점(℃)		537	466	299	585	609
폭발한계 (VOL%)	하한	5.3	2.2	2.51	4.0	12.5
	상한	14	9.5	81	75	74

(인용 : 위험 · 유해물편람(중앙노동재해방지협회))

[풀 푸르프(fool proof)]

작업원이 실수를 해도 재해로 이어지지 않는 장치(기구)를 말하며, 예를 들면 권과방지장치, 리미트 스위치 등이 있다. 또한 조작순서를 잘못했을 경우에도 위험한 상태가 되지 않도록 하는 장치도 포함된다.

[페일 세이프(fail safe)]

기계나 설비 등이 고장났어도 안전이 확보되는 장치(기구)를 말하며, 대표적인 장치로 감전방지용 누전차단장치(브레이커) 등이 있다.

[유기용제 등]

유기용제 또는 유기용제 함유물(유기용제와 유기용제 외의 것이 섞인 혼합물로, 유기용제를 해당 혼합물 중량의 5% 넘게 함유한 것)

[KYK]

Kiken Yochi Katudo의 약어. 위험예지활동. 공사현장에서의 작업시작 전에 작업수행상 예상되는 위험을 정리하여 검토 및 대책을 세워 실제 작업에 활용하는 활동 ☞ p.13 참조
Kiken Yochi는 위험예지의 일본어 발음, Katudo는 활동의 일본어 발음임

[OJT]

On the Job Training의 약어. 직장 내 훈련의 약어로 종업원이 업무를 하는 데 필요한 기술이나 능력을 습득할 경우 담당 업무에 맞게 훈련을 받는 것.

[RST]

Rodosho Sefety Trainer의 약어. 후생노동성방식 안전위생 트레이너의 약어로 안위법에서 정한 현장감독자교육을 담당하는 지도원(트레이너)을 말한다.
Rodosho는 노동의 일본어 발음

[TBM]

Tool Box Meating의 약어. 현장에서 작업 시작 전에 하는 작업순서나 안전 등에 대한 회의를 말한다. 툴박스는 작업현장을 의미한다. ☞ p.13 참조

[3S · 4S · 5S 운동]

안전은 정리정돈으로 시작해서 정리정돈으로 끝난다고 해도 과언이 아니다. 3S운동은 '정리', '정돈', '청소'의 앞 글자를 따서 만든 것이고, 4S운동은 3S운동에 '청결'을 더한 것이고, 5S운동은 4S운동에 '예절'을 더한 것이다.

손 기 상

동국대학교 건축공학과 졸업
연세대학교 대학원 건축공학과 석 · 박사

중동 The State of QATAR 국립제철소 시공기사(日本大成建設)
영국 The Univ. of Liverpool 토목공학과 연구원
독일 Technische Universität Berlin 토목공학과 교환교수
호주 The Univ. of Newcastle 토목공학과 교환교수
캐나다 The Univ. of Toronto 토목공학과 교환교수
영국 The Univ. of Sheffield 토목공학과 교환교수
스위스 Ecole Politechnique Federale De Lausanne 토목공학과 교환교수
포르투갈 Technicla Univ. of Lisbon, Instituto Superior Techico 해양공학과 교환교수
칠레 Pontificia Uiversidod Catholica de Chille 토목공학과 교환교수
캐나다 국립건설연구소 IBS CNRC 방문연구
영국왕립 ROSPA 산업안전교육원
전기안전과정/ 건설안전관리계획과정 수료
미국 노동성 OSHA Training Institute 건설안전강사과정/ 흙막이지보공 안전과정 수료
일본 노동성 산업안전교육원 수료, 건설안전교육과정 수료
캐나다 건설안전협회 Construction Safety Association of Ontario 보건위생과정 옵서버 참여(97년, 2001년)
미국방성 FED, COE USA/ 석면안전과정/ 소방안전감독과정/ 건설일반안전감독과정/ 건축철물공사안전과정/ 전기공사안전과정/ 기계공사안전과정/ 가치공학과정
미국방성 FED, COE USA 건설감독관
구소련 모스크바 V.V.Kuibyshev 건설대학 방문조사연구
www.sportsleisure.co.kr 우리말, 메뉴 "건설안전실무"

현재/ 국립서울산업대학교 안전공학과 교수

안전관리

2008년 1월 25일 1판 1쇄 인쇄
2008년 1월 30일 1판 1쇄 발행

편　　저　현장시공지원회

역　　자　손 기 상
발 행 인　강 해 작
발 행 처　도서출판 기 문 당
주　　소　서울시 성동구 공명길 39 (하왕십리동 966-22)
전　　화　02) 2296-6171(代)~5
팩　　스　02) 2296-8188
출판등록　1976. 10. 7(1-44)
홈페이지　http://기문당
　　　　　www.kimoondang.com
I S B N　978-89-6225-004-6　93540

정　　가　9,000원